NOTICE

SUR DIVERS

APPAREILS DYNAMOMÉTRIQUES.

DE L'IMPRIMERIE DE CRAPELET,
rue de Vaugirard, 9.

NOTICE

SUR

DIVERS APPAREILS

DYNAMOMÉTRIQUES,

PROPRES A MESURER LE TRAVAIL OU L'EFFORT DÉVELOPPÉ
PAR LES MOTEURS ANIMÉS OU INANIMÉS,
OU CONSOMMÉ PAR LES MACHINES DE ROTATION,
AINSI QUE LA TENSION DE LA VAPEUR DANS LE CYLINDRE
DES MACHINES A VAPEUR
A TOUTES LES POSITIONS DU PISTON.

PAR ARTHUR MORIN,

Capitaine d'artillerie, Professeur de mécanique au Conservatoire royal
des Arts et Métiers, Membre correspondant de l'Académie royale des Sciences de Berlin,
de l'Académie royale de Metz, et de la Société industrielle de Mulhouse.

DEUXIÈME ÉDITION,

REVUE, CORRIGÉE ET AUGMENTÉE

━━━>o0o<━━━

PARIS,

LIBRAIRIE SCIENTIFIQUE-INDUSTRIELLE
DE L. MATHIAS (AUGUSTIN),
QUAI MALAQUAIS; 15.

1841.

NOTICE

SUR DIVERS

APPAREILS DYNAMOMÉTRIQUES,

PROPRES A MESURER L'EFFORT OU LE TRAVAIL
DÉVELOPPÉ PAR LES MOTEURS ANIMÉS OU INANIMÉS,
OU CONSOMMÉ PAR DES MACHINES DE ROTATION,
ET SUR UN NOUVEL *INDICATEUR DE LA PRESSION* DANS LES CYLINDRES
DES MACHINES A VAPEUR.

L'INDUSTRIE et l'agriculture ont sans cesse besoin d'instruments qui permettent de mesurer avec une exactitude, sinon mathématique, du moins assez voisine de la vérité, les efforts développés par les diverses puissances ou résistances qui sollicitent les machines qu'elles emploient.

Si l'on réfléchit au grand nombre de questions encore indécises que de pareils instruments pourraient servir à résoudre, on s'étonne à juste titre que les nombreuses tentatives faites pour les obtenir n'aient pas été plus heureuses. En effet, le législateur est encore incertain sur les bases des lois relatives à l'industrie des transports, et, jusqu'à ces derniers temps, les rapports qui existent entre le tirage des voitures, leurs dimensions, leurs chargements et les dégradations qu'elles produisent sur les routes n'ont pas été établis d'une manière suffisamment exacte. L'agriculture, pour fixer son choix sur les

1

diverses charrues, vantées par les uns et décriées par les autres, ainsi que sur les diverses machines qu'elle emploie, n'a que des instruments imparfaits, où chacun, selon son intérêt ou ses préventions, peut voir à peu près ce qu'i veut. C'est ce qui explique le désaccord que l'on remarque dans les opinions des diverses sociétés d'agriculture sur ces utiles machines. La navigation de nos fleuves et de nos canaux manque encore de données certaines pour proportionner convenablement ses bateaux à la puissance motrice dont elle peut disposer et à la résistance qu'ils doivent éprouver de la part de l'eau. Aussi voit-on sans cesse des essais de construction rester infructueux, faute d'avoir été fondés sur des bases expérimentales bien établies. Enfin, si d'heureuses tentatives ont été faites dans ces dernières années en Angleterre et en France pour établir sur les canaux une navigation rapide au moyen des chevaux, elles ont été accompagnées d'expériences qui, pour avoir été faites avec de mauvais instruments, ont conduit à des conséquences inexactes et de nature à induire l'industrie en erreur d'une manière grave.

Parmi les nombreuses industries qui, à l'aide de machines ingénieuses, préparent avec économie les produits perfectionnés dont l'usage se répand avec profusion dans toutes les classes de la société, la plus avancée, sans doute, est celle de la filature et du tissage du coton; et cependant, depuis nombre d'années, elle réclame en vain un moyen de mesurer d'une manière précise la force nécessaire aux machines variées qu'elle emploie. Il en est de même de la filature de la laine et d'une multitude d'autres industries.

La principale cause qui a fait échouer les diverses tentatives entreprises pour construire de bons dynamomètres, c'est qu'elles ont presque toujours été faites par des artistes, habiles sans doute, mais peu versés dans l'étude de la mécanique appliquée, et surtout qu'elles n'ont pas été inspirées à des observateurs que le besoin de ces instruments aurait rendus plus ingénieux à en combiner les différentes parties, pour atteindre le but proposé. C'est, au contraire, parce que depuis dix ans je me suis constamment occupé d'expériences sur le frottement, sur le tirage des voitures et des charrues, sur le halage des bateaux, sur les efforts transmis à des axes de rotation, etc., que j'ai été graduellement conduit à satisfaire aux conditions qu'exigent ces recherches, et que j'ai amené la construction de ces instruments au degré de perfection et de généralité où ils sont aujourd'hui.

Le but à atteindre était d'obtenir des indications permanentes des efforts ou des quantités d'action développées par la puissance motrice, qui fait marcher une machine quelconque, sans que ces indications fussent susceptibles d'être altérées ou modifiées par la volonté de l'observateur. La question a été résolue de deux manières différentes, selon la nature et la durée des observations que l'on peut se proposer de faire. L'une des solutions est relative au cas où les expériences ne doivent être prolongées que pendant un intervalle de chemin ou de temps assez court de 1000^m ou 1500^m, ou d'une demi-heure au plus. Alors on se contente d'obtenir sur une feuille de papier une trace écrite de tous les efforts exercés par la puissance motrice. L'autre se rapporte au cas où l'étendue de l'expérience doit être beaucoup plus considérable et correspondre à plusieurs lieues ou à des journées entières; on emploie alors un compteur, qui totalise la quantité d'action développée par le moteur dans tout cet intervalle, et qui jouit aussi de la propriété d'indiquer celle qui correspond à telle fraction que l'on veut.

Je dois au savant M. Poncelet, mon maître et mon ami, l'idée fondamentale de ces deux solutions; savoir: 1°. l'emploi d'un style traçant une courbe des efforts sur une feuille de papier mise en mouvement par un moyen direct, et 2°. l'usage du compteur à roulette, qui totalise la quantité d'action. En le déclarant à divers reprises dans mes Mémoires sur les nouvelles expériences sur le frottement, dans celui qui a obtenu à l'Académie des sciences le prix de mécanique de la fondation Monthyon, dans celui qui a obtenu une médaille d'or de la Société d'encouragement pour l'Industrie nationale, à l'Académie royale et au Congrès scientifique de Metz, en 1837, je n'ai fait qu'acquitter la dette de l'amitié. La part qui peut me revenir dans le mérite de la disposition et de la construction de ces instruments n'est relative qu'à la forme et à la proportion des lames dynamométriques, aux divers moyens d'obtenir la trace de leurs flexions sur des feuilles de papier douées d'un mouvement circulaire ou de translation, à la construction du compteur et au mode d'obtenir à volonté des indications de ses révolutions, ainsi qu'à l'agencement général des divers dispositifs à employer pour les adapter à tous les appareils soumis à l'expérimentation et dont les formes se prêtaient plus ou moins à cette application.

Entre les mains d'artistes habiles, ces dynamomètres recevront sans doute encore bien des perfectionnements, leur disposition se simplifiera; mais, après avoir reçu la sanction de dix années d'usage et d'emplois variés, où l'exactitude de leurs indications a été constatée par l'accord des résultats et par des vérifications directes et nombreuses, ils sont déjà, je pense, parvenus à un point assez satisfaisant pour être livrés avec confiance à l'industrie et offerts aux expérimentateurs pour la solution d'un grand nombre de questions. C'est ce qui m'a déterminé à en donner une description accompagnée d'une notice sur les divers dispositifs de montage à employer selon les cas et selon la manière de s'en servir.

DESCRIPTION

DES DYNAMOMÈTRES POUR LES VOITURES,
LES CHARRUES ET LES BATEAUX.

---

1. Avant de décrire en détail les divers dynamomètres que j'ai fait exécuter, il me paraît nécessaire de dire quelques mots du but que l'on doit se proposer en employant des instruments de ce genre, et à cet effet de rappeler quelques notions fondamentales de mécanique.

L'application des dynamomètres à des véhicules quelconques, mus par des moteurs animés ou inanimés, a toujours pour but de mesurer l'effet mécanique de leur action pendant la marche de ces machines. Or, « le « travail mécanique ne suppose pas seulement une résis- « tance vaincue une fois pour toutes ou mise en équi- « libre par une force motrice, mais une résistance con- « stamment détruite, le long d'un chemin parcouru par « le point où elle s'exerce et dans la direction propre « de ce chemin (Introduction à la *Mécanique indus- « trielle*, par M. Poncelet, 2ᵉ édition, page 56); et le « travail mécanique que nécessite directement une cer- « taine résistance constante et qui se reproduit le long « d'un certain chemin a pour mesure le produit de cette « résistance par le chemin que décrit son point d'action « dans sa direction propre; l'unité de travail étant tou- « jours l'unité d'effort, mesuré en poids, parcourant « l'unité de chemin ou de longueur (page 57).

« Si la résistance ou l'effort qui la détruit au lieu

« d'être constant variait sans cesse, ainsi qu'il arrive
« dans bien des circonstances, le travail ne pourrait plus
« s'évaluer comme on vient de le dire ; mais attendu
« que, pour chacun des espaces très-petits décrits par le
« point d'action, la résistance peut être censée constante
« et sensiblement égale à la moyenne ou à la demi-
« somme de celles qui répondent au commencement et
« à la fin de cet espace, le petit travail qui y est relatif
« pourra encore se mesurer par le produit de cette ré-
« sistance moyenne et de l'élément de chemin dont il
« s'agit ; le travail total se composant de la somme de
« tous les petits produits analogues qui leur corres-
« pondent. » (Page 58.)

Les mêmes définitions s'étendent au cas où le point
d'application se meut en ligne courbe, et l'on voit que,
dans tous les cas, l'activité, l'effet mécanique des forces
se mesure par le produit de l'effort et du chemin parcouru dans sa direction propre.

Si donc on nomme

F l'effort constant ou variable,

E le chemin total parcouru,

e le chemin élémentaire parcouru dans un déplacement infiniment petit,
le travail développé le long du chemin total sera exprimé
par $F \times E$, si l'effort est constant, ou par la somme des
produits Fe, si l'effort est variable.

Enfin, si l'on connaît la quantité de travail totale correspondante à la somme des produits variables Fe, développée par un effort variable F, on en déduira l'effort
moyen F' ou l'effort constant qui produirait le même
travail, en faisant parcourir le même chemin à son point
d'application, en divisant le travail total ou la somme
des produits Fe par le chemin E.

Ainsi, soit pour obtenir l'effet mécanique des moteurs animés ou inanimés, soit pour déterminer la valeur de leur effort moyen, il faut mesurer la quantité de travail qu'ils développent ou le produit de l'effort par le chemin parcouru dans sa direction propre.

Le Comité des arts mécaniques de la Société d'encouragement pour l'industrie nationale a donc commis une erreur, en persistant, depuis plusieurs années, à poser comme base fondamentale du programme des prix qu'elle proposait pour la construction des dynamomètres, la condition que ces instruments devraient donner *le produit des efforts par leur durée* ou la somme des produits partiels infiniment petits de même genre quand l'effort est variable. En effet, si l'on appelle T la durée totale pendant laquelle un effort F constant ou variable est développé, ou t l'élément infiniment petit de temps pendant lequel cet effort, s'il est variable, peut être regardé comme constant, la condition demandée par le Comité des arts mécaniques tend à obtenir le produit FT, si l'effort est constant, ou la somme des produits Ft si l'effort est variable ; ce qui revient à la mesure d'une quantité de mouvement.

Or, il est facile de faire voir que ce produit n'est pas une mesure du travail mécanique, et sans entrer dans une discussion qui serait ici déplacée, quelques exemples le mettront en évidence.

Supposons, en effet, qu'il s'agisse de mesurer le travail mécanique développé par des chevaux pour tracer des sillons avec deux charrues. La résistance étant ici, dans les limites ordinaires, indépendante de la vitesse, nous la regarderons comme constante pour une même profondeur et largeur du sillon, et nous la supposerons, de plus, la même pour les deux charrues et égale à 36o kil., ce qui serait relatif à une terre très-forte. Admettons que le sillon étant de même longueur et de $120^{m.}$ pour les deux charrues, lès chevaux de l'une, actifs et vigoureux, emploient $100''$, et ceux de l'autre, plus paresseux, $200''$. Le produit des efforts par leur durée sera, dans

le premier cas, $\quad 360^{kil.} \times 100'' = 36000$,
le second cas, $\quad 360^{kil.} \times 200'' = 72000$,

tandis qu'en réalité les chevaux des deux charrues n'auront produit qu'un même travail mécanique mesuré par le produit

$$360^{kil.} \times 120^{m.} = 43200^{kil.} \text{ élevés à } 1^{m.} \dots$$

Si donc on se contentait de l'indication de l'instrument demandé, on serait induit en erreur sur la résistance que la seconde charrue éprouve de la part du sol.

Pour second exemple, choisissons, au contraire, le cas où la résistance croît avec la vitesse, comme lorsqu'il s'agit du halage des bateaux.

Dans la marche des bateaux-poste, de Paris à Meaux, un de ces bateaux, chargé de 89 personnes, marchant à la vitesse de $4^{m.},3o$, à la remonte éprouve une résistance de $155^{kil.},7$. Le temps employé à parcourir un kilomètre sera donc de $\dfrac{1000^{m.}}{4^{m.}.3o} = 233''$, et le produit des efforts par leur durée sera $155^{kil.},7 \times 233'' = 36278$.

Dans le halage des bateaux ordinaires, allant au pas sur ce canal, deux forts chevaux exercent un effort moyen de $6o^{kil.}$ chacun, et marchent à la vitesse de $o^{m.},8o$ environ en $1''$. Le kilomètre est alors parcouru en $\dfrac{1000}{0,8o} = 125o''$, et le produit de l'effort par sa durée serait

$$120^{kil.} \times 125o'' = 15oooo.$$

L'indication de l'instrument demandé ferait donc croire que les chevaux qui halent les bateaux-poste à la vitesse de $4^{m\cdot},3o$ à la remonte développent une action mécanique moindre que ceux qui halent au pas les bateaux ordinaires de ce canal, et cependant le travail développé par kilomètre serait pour

le bateau-poste, $\qquad 155^{m},7 \times 1000^{k} = 155700^{kilm\cdot}$,

le bateau ordinaire, $\qquad 120^{m} \times 1000^{k} = 120000$

Enfin, si les chevaux attelés à un chariot le tirent vainement pendant longtemps sans pouvoir le mettre en mouvement, l'instrument qui indiquerait le produit des efforts par leur durée donnerait une quantité considérable, tandis que celui qui fournirait le produit de l'effort par le chemin parcouru n'indiquerait qu'un effort sans déplacement du point d'application, sans que la résistance ait été vaincue, sans qu'il y ait eu de travail, d'effet utile, ce qui est la vérité.

Ces exemples suffisent pour montrer que les indications immédiates de l'instrument demandé par la Société d'encouragement induiraient fréquemment en erreur, si on les discutait tels qu'on les obtient. Il faut, à l'aide des notions de la mécanique, en déduire l'effet moyen et ensuite le travail mécanique, de sorte que la notion du temps que l'on avait exigée devient la plupart du temps inutile.

Comme, en définitive, c'est toujours *le travail mécanique ou le produit de l'effort exercé par le chemin parcouru dans sa direction propre* qu'il faut calculer, on voit donc que toutes les fois qu'on le pourra, il faudra de préférence chercher à obtenir directement, à l'aide de l'instrument, cette quantité de travail, et non pas le produit des efforts par leur durée ou la quantité de mouvement. Toutefois, il est des cas où l'on ne peut obtenir immédiatement que le dernier produit, et c'est ce qui arrive pour les bateaux et les charrues sans avant-train, ainsi qu'on le verra plus loin.

Cette fausse manière de poser la question adoptée par le Comité des arts mécaniques de la Société d'encouragement, outre les inconvénients que je viens de signaler, a encore celui de compliquer inutilement l'appareil et d'augmenter son prix dans tous les cas où le véhicule a des roues, et un artiste fort habile, en voulant s'astreindre à satisfaire rigoureusement à toutes les conditions imposées par le programme, a été conduit à faire un instrument très-beau, très-ingénieusement combiné, parfaitement exécuté, mais dont le prix, le poids et le volume ne permettent l'emploi que dans bien peu de circonstances.

Après avoir ainsi posé la condition générale à laquelle les instruments doivent satisfaire, examinons les conditions de détail pour qu'ils soient d'un usage sûr et commode.

1°. La sensibilité de l'instrument doit être proportionnée à l'intensité des efforts à mesurer et ne doit pas pouvoir s'altérer par l'usage.

2°. Les indications des flexions du ressort doivent être obtenues d'une manière indépendante de l'attention, de la volonté ou des préventions de l'observateur, et par conséquent fournie par l'instrument lui-même au moyen de traces ou de résultats matériels qui subsistent après l'expérience.

3°. Il faut que l'on puisse obtenir l'effort exercé en chaque point de l'espace parcouru par le point d'application de l'effort, ou dans certains cas à chaque instant de la durée des observations.

4°. Si l'expérience doit être par sa nature continuée longtemps, il faut que l'appareil permette de totaliser facilement la quantité d'action ou de travail dépensée par le moteur.

Telles sont les conditions principales que je me suis imposées dans la disposition des divers appareils dynamométriques que j'ai fait construire : indiquons les moyens employés pour y satisfaire.

2. Construction des ressorts dynamométriques. — Pour satisfaire à la première condition et pour faciliter l'examen des indications laissées par les ressorts dynamométriques, j'ai cherché à construire des lames qui prissent des flexions proportionnelles aux efforts exercés, ce qui devait rendre ces instruments d'un usage bien plus commode que tous ceux que l'on a faits jusqu'à ce jour, puisque le rapport des flexions aux efforts exercés étant une fois connu, il suffira de mesurer ces dernières ou d'en avoir une trace, pour obtenir la valeur de l'effort en kilogrammes, sans calcul, à l'aide d'une échelle ou de la règle à calcul.

Pour y parvenir je me suis basé sur les résultats suivants de la théorie de la résistance des matériaux à la flexion, savoir :

Lorsqu'une lame métallique à section rectangulaire encastrée par l'une de ses extrémités est soumise à un effort perpendiculaire à sa longueur ou à sa direction primitive, ou quand une lame élastique de même forme est posée librement sur deux appuis et soumise en son milieu à un effort dirigé comme nous venons de le dire, la flexion qu'elle prend, tant qu'elle ne dépasse pas les limites de l'élasticité, est,

1°. Proportionnelle à l'effort P,

2°. Proportionnelle au cube du bras de levier c de cet effort,

3°. En raison inverse de la largeur a de la lame dans le sens perpendiculaire au plan de flexion,

4°. En raison inverse du cube de l'épaisseur b de la lame, à la partie encastrée, pour le premier cas, ou en son milieu pour le second,

5°. En raison inverse du coefficient E d'élasticité de la matière employée.

De plus, si le profil longitudinal de la lame présente la forme parabolique des solides d'égale résistance, les flexions sont doubles de celles que prendrait, sous les mêmes efforts, une lame d'épaisseur uniforme sur toute la longueur, et la résistance à la rupture est la même.

Ces résultats de la théorie [1] sont d'accord avec l'expérience, toutes les fois que les flexions ne dépassent pas les limites de l'élasticité, c'est-à-dire lorsque les corps fléchis reprennent leur forme primitive, dès que l'effort cesse d'agir. La construction et la vérification des instruments que l'on va décrire ont fourni de nombreuses preuves de l'exactitude de ces bases.

D'après ce qui précède et conformément à la théorie citée, on aura, pour des ressorts d'égale résistance, la relation

$$f = \frac{8Pc^3}{Eab^3}$$

formule à l'aide de laquelle on peut calculer l'une quelconque des quantités qui y entrent, quand on connaît les autres.

[1] Résumé des leçons de mécanique données à l'école des Ponts-et-Chaussées par M. Navier.

3. DÉTERMINATION DU COEFFICIENT D'ÉLASTICITÉ DE L'ACIER POUR LA FABRICATION DES RESSORTS. — A l'époque (1830) où j'ai fait construire mes premiers dynamomètres, le coefficient d'élasticité E de l'acier n'était pas bien déterminé. Depuis, des expériences précises ont été faites par M. Ardant, capitaine du génie, professeur du cours de construction à l'École d'application de l'artillerie et du génie à Metz, en observant l'allongement des fils d'acier soumis à des efforts de traction longitudinale, et cet habile observateur a trouvé que la valeur de ce coefficient est indépendante du degré de trempe ou de recuit de l'acier et a obtenu pour sa valeur moyenne environ

$$E = 21,000,000,000 \text{ kilog.} \quad \text{(Voir le tableau n}^\circ \text{ 10.)}$$

Dans ces expériences les fibres du métal tendaient à s'allonger et les molécules à s'éloigner les unes des autres, et la constance du coefficient d'élasticité semble indiquer que le degré de trempe ou de recuit ou, ce qui en est la conséquence, la dureté du métal n'influe pas sensiblement sur la résistance que l'attraction moléculaire oppose à l'éloignement des molécules. Mais dans la flexion des ressorts, les effets se produisent d'une manière différente; les molécules placées à la surface convexe s'éloignent, les fibres s'allongent, tandis que les molécules placées à la surface concave se rapprochent et se compriment. Or, la théorie ou les formules qu'on en déduit supposent que, dans les limites où l'élasticité n'est pas altérée, la résistance de l'acier à la compression est la même que la résistance à l'extension; ce qui n'est peut-être que rarement vrai, ainsi que le prouve l'exemple de la fonte; et comme le degré de trempe et de recuit a une énorme influence sur la dureté de l'acier et sur sa résistance à la compression, on voit qu'il doit aussi en avoir une grande sur la flexion des lames de ressort et sur la valeur du coefficient d'élasticité qu'il convient d'employer dans le calcul de leurs dimensions.

On voit donc que, pour les ressorts, la nature, la qualité de la trempe et le recuit de l'acier sont des éléments qui peuvent faire varier notablement la valeur du coefficient d'élasticité.

Dans cette fabrication, les ressorts, après avoir été trempés, doivent être recuits à l'huile flambante, mais il faut en outre avoir l'attention de faire durer cette opération d'autant plus longtemps que les lames sont plus épaisses, pour faire pénétrer le recuit jusque dans l'intérieur; sans cette précaution on aurait des lames trop roides.

L'habitude et l'habileté de l'ouvrier peuvent donc avoir une grande influence sur les résultats. Mais, en général, quand l'acier d'Allemagne de bonne qualité a été trempé et recuit au degré convenable, la valeur moyenne du coefficient d'élasticité qui lui convient est

$$E = 20,859,000,000 \text{ kilog.}$$

C'est celle que j'emploie habituellement maintenant dans le calcul des dimensions des lames que je fais construire et qui m'a été fournie par un très-grand nombre de lames.

4. RAPPORT QU'IL CONVIENT D'ÉTABLIR ENTRE LES DIVERSES PROPORTIONS. — La largeur a de la lame doit être limitée à $0^m,40$ ou $0^m,50$ au plus, parce que le gauchissement produit par la trempe est d'autant plus sensible que la lame est plus large, ce qui offre des difficultés dans l'ajustage.

L'observation des ressorts déjà exécutés m'a fait con-

naître que les flexions des lames restaient proportionnelles aux efforts, tant qu'elles ne dépassaient pas $\frac{1}{10}$ de
leur longueur pour les plus fortes et $\frac{1}{9}$ pour les plus faibles, à partir de la partie encastrée.

D'après ces données, il sera facile de calculer l'épaisseur b qu'il conviendra de donner à une lame à sa partie
encastrée, pour que, sous un effort déterminé, elle
prenne une flexion connue. Elle sera fournie par la
formule

$$b^3 = \frac{8Pc^3}{Eaf}$$

nous en donnerons tout à l'heure des exemples.

**5. Forme et courbure du profil longitudinal des
lames de ressort.** — L'épaisseur de la lame dans le sens
de la flexion à la partie où elle est encastrée, étant déterminée, et le profil de la lame dans le même sens devant
être celui d'un solide d'égale résistance, il est facile de
construire la courbe de ce profil. On sait, en effet, d'après la théorie et les résultats d'expériences connus sur
la résistance des matériaux à la rupture, que cette résistance, pour un solide à section rectangulaire encastré à
l'une de ces extrémités et sollicité à l'autre par un effort
perpendiculaire à sa direction, est, en un point quelconque,

1°. Proportionnelle à la largeur constante a,

2°. Proportionnelle au carré de son épaisseur au point
considéré,

3°. En raison inverse de la distance de ce même point
à l'extrémité sur laquelle agit le poids ou l'effort.

Ces résultats de la théorie sont d'accord avec l'expérience, tant que la flexion ne dépasse pas les limites de
l'élasticité, ce qui est le cas des ressorts qui nous occu

pent, dont la flèche de courbure ne doit pas excéder $\frac{1}{10}$ à $\frac{1}{9}$ de la longueur de chaque branche.

Si donc les lames ont une face droite perpendiculaire à la direction de l'effort et l'autre courbe, en appelant x l'abscisse de la courbe mesurée à partir du point où agit l'effort,

y l'ordonnée de la courbe perpendiculaire à la ligne des abscisses,

On aura pour l'équation de la courbe

$$y^2 = \frac{b^2}{c}\, x$$

qui est celle d'une parabole dont le paramètre $\dfrac{b^2}{c}$ est connu. En se donnant des valeurs successives de l'abscisse, on aura donc facilement les ordonnées correspondantes.

6. DISPOSITION DES LAMES DE RESSORT. — Les lames de ressort destinées à mesurer la traction des chevaux sur des voitures, les charrues, les bateaux, etc. sont disposées comme l'indique la Fig. 1, Planche I.

Deux lames aa' et bb', exactement semblables, dont les faces intérieures sont planes et les faces extérieures paraboliques, sont terminées, à leurs extrémités, par un nœud d'articulation de même largeur, percé d'un trou allézé. De petits boulons en acier traversent ces trous à frottement doux, s'engagent dans les brides ff placées au-dessus et au-dessous des lames, et y sont fixées par des écrous, de sorte que les lames ont la liberté de se mouvoir facilement dans le sens de leur longueur et se placent naturellement dans une position parallèle, lorsque l'effort est dirigé perpendiculairement à la lame bb', qui est fixée au corps à tirer de la manière suivante :

Une griffe postérieure *c* est percée d'une ouverture pour le passage de la lame, qui s'y introduit dans le sens de sa longueur : un épaulement d'une longueur égale à la largeur de la griffe a été ménagé au milieu de la lame et entre avec précision dans cette ouverture. Des vis de pression *g*, à pointe conique, serrent la lame dans cet encastrement, et c'est à partir du dehors de la griffe *c* et jusqu'au centre des trous *bb'* que se compte la longueur de la lame.

Une griffe antérieure *d* reçoit pareillement la lame *aa'* et porte un anneau *r*, auquel s'accroche la volée ou la corde sur laquelle le moteur agit.

Il convient de disposer les griffes *c* et *d* de telle façon qu'elles se touchent quand l'instrument est au repos : on en verra plus loin les avantages.

Enfin les mêmes griffes peuvent recevoir des lames de diverses forces.

7. OBSERVATION SUR L'EFFET DE L'ACCOUPLEMENT DES LAMES. — On remarquera que, par cet accouplement des lames, l'écartement de leurs milieux ou des griffes est double de la flexion de chacune des extrémités ; ce qui rend la sensibilité de l'instrument d'autant plus grande.

On peut aussi réunir deux paires de lames dans une même monture, de façon qu'elles résistent ensemble à la flexion, ce qui permet de mesurer des efforts considérables. C'est ce que l'on a fait pour l'un des dynamomètres du Conservatoire des arts et métiers, qui porte deux paires de lames que l'on peut à volonté faire agir ensemble ou séparément. Cet instrument a été monté avec deux paires de lames, l'une de 250 kilog., l'autre de 500 kilog.

La première seule prenait $0^m,060$ de flexion pour une

charge de. . . . . 210 kilog.
La deuxième seule prenait 0^m,060 de
flexion pour une charge de. . . . . 447 kilog.

Total . . . . 657 kilog.

Les deux lames réunies ont pris 0^m,060 de flexion sous une charge de . . . . 655 kilog.

Un résultat semblable a été obtenu en accouplant les lames de 500 kilog. avec une paire de lames de 600 kilog., qui réunies peuvent supporter un effort de 1,100 kilog.

On voit par là que, dans l'action simultanée de plusieurs lames réunies, la résistance ou l'effort se répartit entre elles proportionnellement à leur roideur.

8. Moyen d'éviter que les lames ne soient forcées. — Le plus grand effort que le ressort doive jamais supporter étant connu, par la condition que la flexion correspondante ne dépasse pas le dixième de la longueur des lames, on évitera que, par un à coup, elles ne puissent être forcées, en fixant à la griffe postérieure c deux brides d'arrêt i suffisamment fortes, réunies par deux entretoises e, contre lesquelles la lame antérieure vient s'appuyer quand la tension atteint la limite supérieure que l'on a fixée.

9. Lames de ressort isolées. — Tout ce que nous avons dit sur la forme des ressorts peut s'appliquer à des lames dynamométriques isolées à une ou deux branches. C'est ce que l'on verra plus loin par la description des dynamomètres de rotation construits en 1839, et qui ne sont qu'un perfectionnement de ceux qui avaient été employés en 1834 pour les expériences sur le frottement des axes de rotation.

10. Résultats d'expériences sur les dynamomètres. — Les principes que nous avons rappelés et les

proportions que nous avons indiquées dans les numéros précédents ont été appliqués à la construction d'un grand nombre de dynamomètres de diverses forces, et les résultats que nous avons annoncés ont été obtenus et vérifiés en présence de plusieurs ingénieurs et du Comité des arts mécaniques de la Société d'encouragement. Nous indiquons dans le tableau suivant les dimensions de plusieurs lames de diverses formes.

Force maximum des lames.	Largeur des lames. $a.$	Longueur de chaque branche. $c.$	Épaisseur des lames à la partie encastrée. $b.$	Accroissement des flexions pour 10 kilogr. $f.$	Valeurs du coefficient d'élasticité E.	Acier employé.	OBSERVATION
k.	m.	m.	m.	m.			
100	0,000	0,250	0,00717	0,00520	32,607,600,000	Acier fondu.	
200	0,030	0,250	0,00790	0,00276	30,619,500,000		
200..	0,030	0,250	0,00790	0,00307	27,527,600,000		
70	0,020	0,250	0,00675	0,00730	» (1)	Acier d'Allemagne.	(1) L'origine de la c[...] de la lame est à 0,m[...] de la partie encastré[...]
140	0,030	0,350	0,01000	0,00496	» (2)		(2) L'origine de la c[...] de la lame est à 0, m[...] de la partie encastré[...]
200	0,040	0,250	0,00790	0,00284	22,317,700,000		(3) L'acier employé [...] une valeur de E [...] faible que l'acier [...] noire. Ces ressorts ét[...] néanmoins fort bor[...] ont servi très-longte[...]
200	0,040	0,250	0,00790	0,00311	20,380,200,000		
250	0,040	0,350	0,01155	0,00285	19,527,300,000		
300	0,040	0,411	0,01470	0,00265	16,495,200,000 (3)		
600	0,040	0,312	0,01470	0,00125	15,297,900,000 (4)		(4) L'origine de la c[...] de la lame est à 0, m[...] de la partie encastré[...]
400	0,050	0,350	0,01300	0,00172	» (4)		
520	0,040	0,350	0,01450	0,00134	20,990,600,000		
570	0,040	0,350	0,01600	0,00105	19,938,100,000		
1,000	0,050	0,500	0,02110	0,00097	21,948,800,000		
1,000	0,050	0,500	0,02110	0,00100	21,290,300,000		
1,000	0,050	0,500	0,02110	0,00103	20,668,300,000		

Valeur moyenne pour l'acier d'Allemagne E = 20,858,900,000 kil.

11. OBSERVATION RELATIVE À LA LAME DE 600 KILOG. EN ACIER D'ALLEMAGNE. — On remarquera que la lame en acier d'Allemagne, de la force de 600 kilog., a la même largeur, la même épaisseur et la partie encastrée, et le même profil longitudinal que celle de 300 kilog., et qu'elle n'en diffère que par la longueur de la branche ou du bras de levier de l'effort, et qu'ainsi que la théorie l'indique, les flexions de ces lames sont en raison directe du cube du bras de levier. On a adopté cette disposition afin de pouvoir placer à volonté dans la monture de la lame de 300 kil. un autre ressort de la force de 600 kilog. pour mesurer de plus grands efforts.

Il convient d'imiter cette disposition pour toutes les lames un peu fortes, et de supposer dans le calcul le sommet de la parabole à $0^m,02$ ou $0^m,03$ plus loin que la longueur que la lame doit conserver, afin que son extrémité ne soit pas trop mince et puisse facilement se rouler pour former l'œil, tout en conservant assez de force. De plus, on facilite le placement et le changement des lames, en donnant à l'épaulement qui est au milieu de leur longueur un excès de dimension en hauteur et épaisseur d'un à deux millimètres.

12. Manière d'obtenir une trace permanente des flexions du ressort. — Pour satisfaire à la seconde des conditions posées au n° 1, j'ai réalisé une idée qui m'a été suggérée par le savant M. Poncelet, et qui consistait à armer la lame antérieure d'un style, qui laissât, sur une surface mobile, suivant une loi connue, une trace de toutes les flexions des lames. J'y suis parvenu par plusieurs moyens, qui ont varié selon la nature et le but des expériences ; voici celui dont je me suis servi dans le plus grand nombre de recherches :

La griffe antérieure d est percée d'un trou taraudé, que traverse une vis suivant l'axe de laquelle peut glisser à frottement doux un tuyau de cuivre, garni à sa partie inférieure d'une douille tronconique à vis, dans laquelle on adapte un pinceau sans tuyau de plume. On remplit le tube d'encre de Chine délayée à la consistance convenable, et on ferme son extrémité par un petit bouchon métallique. Un petit trou percé au haut et sur le côté du tube, permet à l'air d'y pénétrer, à mesure que l'encre s'écoule par le bas. Lorsque le pinceau est bien lavé, convenablement serré, dans la douille, la capillarité suffit pour produire une alimentation constante et régulière de la pointe du pinceau.

On pourrait être tenté d'objecter que, dans les variations de la tension du ressort, la pointe du pinceau en fléchissant occasionnera des erreurs sur l'appréciation de ces efforts. Mais on remarquera que la pointe du pinceau prend la direction de la résultante des vitesses du papier et de la lame dans ses oscillations, et que la dernière de ces vitesses étant généralement plus petite que la première, l'erreur à craindre est très-faible. D'ailleurs, si la flexion du pinceau tend à diminuer l'ordonnée maximum dans une oscillation, elle tend à augmenter de la même quantité l'ordonnée minimum; et comme chaque maximum est toujours suivi d'un minimum, il s'ensuit que, dans les allures réglées ou dans les vitesses périodiques où l'on opère toujours, il y a compensation, et qu'en définitive il n'y a aucune erreur sur la valeur de l'effort moyen, qui est l'objet que l'on recherche le plus souvent.

Au surplus, l'on peut remplacer le pinceau par un crayon de mine de plomb ordinaire, ou du genre de ceux qui ne se taillent pas, ainsi que je l'ai fait souvent dans des expériences sur les voitures ou sur des bateaux, et obtenir ainsi des traces fort régulières. L'usage des crayons ordinaires pour styles n'a d'autre inconvénient que l'usure de la pointe; mais, si l'on a plusieurs crayons semblables préparés d'avance, on les remplace facilement et rapidement l'un par l'autre, sans interrompre l'expérience. Il faut seulement que le tube et son crayon pèsent environ 40 grammes, pour que la trace soit nette.

On peut enfin employer un style formé de la manière suivante : A l'extrémité d'un tube cylindrique, en cuivre, on visse un bout tronconique, percé à son extrémité d'un petit trou qui laisserait passer l'encre de Chine contenue dans le tube avec trop d'abondance, s'il n'était en partie fermé par une pointe émoussée, légèrement conique, qui le traverse et peut s'y introduire plus ou moins à volonté. L'ouverture par laquelle l'encre peut passer est ainsi réduite à une surface annulaire, aussi petite que l'on veut, et l'extrémité de la pointe trace sur le papier une ligne continue d'égale largeur. Le style glissant à frottement doux dans la vis, il s'ensuit qu'il repose toujours sur le papier.

Lorsque le style est formé par un pinceau, la partie supérieure du tube porte un épaulement au-dessous duquel s'interpose un petit ressort à boudin, qui tend à relever le pinceau. Une bascule o (Fig. 1 et 2, Planche Ire) garnie d'un ressort d'arrêt, permet au contraire d'abaisser ce tuyau, en comprimant le ressort à boudin, lorsqu'on veut obtenir la trace de la pointe du pinceau.

Si l'on employait un crayon pour style, on pourrait disposer la bascule de manière à laisser retomber le crayon, et à la relever à la fin de l'expérience.

Pour recevoir les traces du style, une bande de papier enroulée sur un cylindre l servant de magasin, passe sur trois petits cylindres qui la guident sous les styles et empêchent le papier de fléchir sous l'action du vent ou sous son propre poids.

La feuille de papier s'enroule d'elle-même sur un deuxième rouleau g qui sert de récepteur.

On trouve dans le commerce, à bas prix, des papiers blancs faits à la mécanique, destinés à la tenture, en rouleaux de neuf mètres de longueur; on roule ces feuilles sur un mandrin cylindrique, et on les coupe au tour très-facilement à la longueur des cylindres, de sorte que le papier a partout la même dimension.

Il serait au besoin très-facile de tirer des fabriques des papiers beaucoup plus longs, ou de coller deux ou plusieurs bandes les unes au bout des autres.

On conçoit facilement que le style étant, à l'aide de la bascule o et de la vis, amené au contact de la feuille de papier, la pointe du pinceau y décrira une courbe, qui sera la trace permanente des flexions des lames et par conséquent des efforts exercés.

Un second style k, fixé à la griffe postérieure c et par conséquent immobile, trace sur le papier une ligne qui correspond à un effort nul ou à la position des lames au repos et donne ainsi le zéro des efforts; de sorte que l'effort exercé est toujours mesuré par l'écartement de la courbe à cette ligne du zéro.

13. Manière de faire mouvoir le papier qui reçoit la trace du style. — Le mouvement de transport perpendiculaire à la direction des efforts peut être communiqué à la bande de papier de plusieurs manières, selon le but que se propose l'expérimentateur et les machines sur lesquelles il opère. Ainsi pour les observations sur les voitures et sur les charrues à avant-train, marchant à une vitesse périodique et à peu près uniforme, le mouvement se prend sur le moyeu de l'une des roues de devant, par une corde sans fin et une poulie de renvoi; sur le prolongement de l'axe de cette poulie est une vis sans fin, parallèle aux lames et qui conduit un pignon monté sur l'axe d'un petit cylindre en cuivre, sur lequel s'enroule un cordon de soie, qui transmet le mouvement au cylindre récepteur du papier.

En proportionnant convenablement cette transmission on peut, en employant des bandes de papier de 16 à 18 mètres de longueur, prolonger avec une même bande les expériences sur une étendue de chemin parcouru de 800 à 1,000 mètres et plus, selon que le papier passe plus ou moins vite.

Pour les charrues sans avant-train, on pourrait placer à l'arrière de l'âge une petite roue contenue dans une chape mobile, qui reposerait par son propre poids sur le fond du sillon et sur laquelle on prendrait le mouvement d'une manière analogue à ce qui vient d'être dit.

Mais quelquefois pour les charrues ce dispositif n'est pas aussi commode, et alors, de même que pour les bateaux, il serait fort assujettissant et souvent impraticable de prendre le mouvement à l'aide d'un fil attaché à un point fixe. Il faut employer un autre moyen, qui consiste en un moteur chronométrique, dont le mécanisme analogue à celui des tournebroches, peut être muni d'une fusée compensatrice et d'un volant à ailettes pour obtenir une régularité suffisante dans le mouvement. Un des axes de ce moteur transmet par un engrenage le mouvement à l'axe du petit cylindre enveloppé par le fil de soie et par suite au papier. Ce n'est que pour des cas analogues qu'il faut recourir à l'usage d'un moteur chronométrique.

14. DISPOSITION POUR RENDRE RÉGULIER LE MOUVEMENT DE TRANSPORT DU PAPIER. — On voit qu'en prenant pour moteur l'une des roues de la voiture ou un appareil chronométrique, on peut obtenir, pour le petit cylindre sur lequel s'enroule le fil de soie, un mouvement régulier en rapport constant avec l'espace parcouru dans le premier cas et avec le temps dans le second. Mais si ce mouvement était transmis directement à l'arbre du cylindre récepteur, dont le papier en s'enroulant augmente le diamètre extérieur, il s'ensuivrait que, bien que le mouvement du cylindre fût uniforme, celui de transport de la bande de papier s'accélérerait. Il est facile d'éviter cet inconvénient de plusieurs manières, et parmi celles que nous avons étudiées la plus simple et la plus exacte est la suivante :

Le fil de soie enroulé autour d'un cylindre intermédiaire n se fixe par son extrémité libre à une fusée conique m, montée sur l'axe du récepteur. Les diamètres de cette fusée sont calculés de façon que le mouvement du cylindre moteur n étant uniforme, celui du récepteur g se ralentit en raison directe de l'accroissement de son diamètre extérieur par l'enroulement du papier. Le calcul des dimensions de cette fusée est facile. En effet, si l'on dispose sur l'arbre du cylindre, qui sert de magasin, un ressort de pression qui occasionne une résistance constante au déroulement du papier, il s'ensuivra que, pour un nombre donné de tours, l'accroissement du diamètre du récepteur g sera toujours le même, et que, par une observation préalable, il sera toujours aisé de connaître le diamètre extérieur du récepteur correspondant à l'enroulement de neuf ou dix-huit mètres de longueur de la bande de papier. Si les diamètres extrêmes de la fusée sont respectivement égaux à ceux du récepteur avant et après l'enroulement, ou s'ils leur sont toujours proportionnels, il est clair que la longueur de papier, qui se développera, sera toujours la même pour chaque tour du petit cylindre ou dans le même rapport avec la longueur du fil de soie déroulé, et par conséquent avec l'espace parcouru ou avec le temps.

On pourrait objecter que la régularité de ce mode de transmission repose sur la supposition qu'on emploiera toujours du papier de même épaisseur. Or, c'est en effet ce qu'il est très-facile d'obtenir dans le commerce, par la grande variété de fabrication et en achetant les rouleaux au poids. Il est d'ailleurs clair que de petites différences d'épaisseur pourraient être facilement compensées par une tension plus ou moins grande du ressort modérateur, qui ferait alors serrer plus ou moins le papier sur le récepteur.

15. DYNAMOMÈTRE A STYLES ET A PLATEAU TOURNANT. — Dans les expériences que j'ai faites sur le frottement, où le chemin parcouru n'était que de quelques mètres, et dans d'autres recherches où il était de 8o ou 1oo mètres au plus, j'ai employé, pour recevoir les traces du style, un plateau mobile autour d'un axe, sur lequel on collait une feuille. Cette disposition est celle qui avait été proposée primitivement par M. Poncelet. Les courbes tracées par le style se recroisaient à plusieurs reprises, mais elles pouvaient encore être relevées assez facilement, à l'aide d'un rapporteur particulier. Ce dispositif est représenté Pl. I, Fig. 3, mais il ne convient que pour les circonstances analogues à celles pour lesquelles il a été fait.

16. OBSERVATION SUR LA QUADRATURE DES COURBES TRACÉES.—D'après cette description sommaire, on voit donc que le papier se déroulant sous le style, dans le premier dispositif, avec une vitesse qui est dans un rapport constant avec le chemin parcouru, les longueurs de papier représentent ces chemins à une certaine échelle connue par ce rapport, et que dans le second dispositif, où l'on emploie un moteur chronométrique, il passe des longueurs égales de papier dans des temps égaux ; de sorte qu'alors ces longueurs représentent les temps écoulés à une échelle connue.

Il est donc évident que l'aire comprise entre la courbe des flexions, la ligne du zéro ou des abscisses et deux ordonnées quelconques, exprime dans le premier cas la quantité d'action ou de travail développée pendant l'espace correspondant aux deux ordonnées considérées, et, dans le second cas, le produit des efforts par leur durée ou la quantité de mouvement développée dans le temps écoulé dans le même intervalle. Puis, si l'on divise cette aire par la longueur totale de la ligne des abscisses, on aura dans les deux cas l'effort moyen qui, dans le premier, produirait la même quantité de travail et dans le second la même quantité de mouvement.

Remarquons d'ailleurs que, dans la plupart des cas, le mouvement étant uniforme ou périodique, c'est précisément cet effort moyen qu'il importe le plus de trouver.

Avant d'aller plus loin, il faut faire observer que, quand on emploie le moteur chronométrique, il est bon de vérifier la régularité de son mouvement pendant les expériences, et qu'il est nécessaire d'observer la vitesse de transport du papier. En effet, les moteurs de ce genre, bien que munis d'une fusée compensatrice des variations de force du ressort et d'un volant à ailettes, ne peuvent avoir une régularité parfaite, sans que leur prix devienne très-élevé, et quand même on parviendrait à obtenir cette régularité, les appareils devant fonctionner à l'air, exposés à la poussière et à la pluie, on ne peut se flatter que dans toute la durée d'une même expérience, et à plus forte raison de plusieurs journées, le mouvement du papier soit parfaitement uniforme. Mais il est facile d'obvier à cette imperfection, quand elle existe, à l'aide d'un troisième style, qui ne touche la feuille de papier que quand on le presse du doigt et qui se soulève de suite par l'action d'un ressort à boudin. En appuyant sur le style toutes les 15 ou 30 secondes, on a ainsi par la distance de ces points consécutifs le nombre de millimètres correspondant à ce temps et qui doit être le même ou à peu près sur toute la longueur de la feuille. Mais s'il y a dans le mouvement un léger retard ou une avance, comme ces différences sont faibles et graduelles, on n'en a pas moins pour chaque intervalle de 15 ou de 30 secondes la longueur correspondante avec toute l'exactitude suffisante dans ce genre de recherches.

Quant aux distances parcourues, on les indique aussi sur la feuille de papier, en marquant, à l'aide d'un quatrième pinceau, des points correspondants à des piquets ou points de repère disposés le long du sillon ou sur les bords de la rivière.

A l'aide de ces points et des précédents, il est facile de déterminer, si l'on veut, la vitesse de transport. En effet, si pour un temps de 30″ on a une distance de 450 milli-mètres, par exemple, entre deux points consécutifs, et qu'entre les deux points correspondants à 100 mètres de chemin parcouru on ait en même temps 360 milli-mètres de longueur de papier, le temps x employé à parcourir les 100 mètres sera donné par la proportion

$$450 \text{ millim.} : 30'' :: 360^m : x = \frac{30 \times 360}{450} = 24''.$$

Par conséquent la vitesse moyenne est, dans ce cas,

$$v = \frac{100}{24} = 4^m,17.$$

17. Relèvement des courbes. — Le relèvement des

courbes tracées par le style revenant, comme on l'a vu,
à une quadrature, il est facile de l'exécuter par les méthodes connues; mais, attendu la longueur de ce travail,
il convient d'employer des moyens expéditifs. Le premier que j'aie mis en usage consiste dans l'emploi d'une
glace de o^m,5o de longueur, divisée dans le sens de cette
dimension et sur toute sa longueur par des ordonnées
équidistantes de centimètre en centimètre, et dans le
sens de sa hauteur, qui est de o^m,o8, par des parallèles
à son grand côté distantes de 2 en 2 millimètres. On
pose cette glace, par sa face divisée, sur la bande de papier, bien étendue sur une table, en plaçant la ligne
inférieure sur celle du zéro. Puis, à l'aide d'un curseur
en cuivre, gradué en millimètres, on lit les valeurs des
ordonnées correspondantes à chaque abscisse. On a ainsi
toutes les flexions de centimètre en centimètre. Le même
moyen peut aussi servir à les prendre de 5 en 5 millim.

Ayant ainsi les ordonnées correspondantes à des abscisses équidistantes, on peut, par les méthodes connues
et en particulier par celle de Simpson, obtenir la quadrature ou la surface comprise entre la courbe, la ligne
du zéro et les ordonnées extrêmes. Puis, comme on
opère habituellement à des allures réglées où les variations d'efforts ou de vitesse étant périodiques il importe
de déterminer l'effort moyen, on obtiendra sa valeur en
divisant la surface trouvée par la longueur totale de la
partie correspondante de la bande de papier, ce qui
donnera l'ordonnée moyenne ou la hauteur du rectangle de même base et de même surface que la courbe.
Connaissant le rapport constant des flexions aux efforts,
on en déduira de suite l'effort moyen exercé par le moteur.

Mais dans la plupart des cas, lorsqu'il s'agit de voitures,

de charrues, de bateaux traînés à des allures réglées, le grand nombre et la périodicité des ordonnées permet de se contenter de prendre la moyenne arithmétique des valeurs trouvées pour les ordonnées, pour la valeur de l'ordonnée moyenne, sans effectuer le calcul de la quadrature. Il est facile de vérifier qu'on obtient dans ce cas sensiblement la même valeur.

18. Manière de se dispenser du relèvement des courbes. — Mais de ce qui précède il résulte une conséquence qui peut dispenser de tout relèvement et met cet instrument à la portée des personnes le moins versées dans le calcul. En effet, si l'on conçoit que parallèlement à la ligne du zéro on mène une ligne équidistante, correspondante à la plus grande tension du ressort, à $0^m,070$ par exemple, la bande d'une largeur uniforme représenterait une certaine quantité d'action ou de mouvement connue, et cette quantité serait évidemment à celle qui correspond à la courbe tracée, comme l'aire du rectangle de $0^m,070$ de hauteur est à celle de la partie comprise entre la courbe et la ligne du zéro; ou encore, attendu l'égalité de longueur des deux surfaces, l'effort correspondant à $0^m,070$ de flexion est à l'effort moyen exercé par le moteur, comme l'aire du rectangle est à celle de la partie comprise entre la courbe et la ligne du zéro.

Or le papier employé étant fait à la mécanique et ce procédé donnant une grande uniformité d'épaisseur à la même feuille, les deux surfaces à quarrer sont entre elles comme leur poids. Si donc on pèse la bande de $0^m,070$ de hauteur, puis qu'on découpe la courbe tracée et qu'on pèse la partie comprise entre cette courbe et la ligne du zéro, on aura cette proportion :

Le poids de la bande de $0^m,070$ de largeur est au poids

de la partie comprise entre la courbe et la ligne du zéro, comme l'effort correspondant à $0^m,070$ est à l'effort moyen du moteur.

Si, par exemple, l'on a employé un ressort de 600 kilog., pour lequel un accroissement de flexion de $1^{mil},25$ corresponde à un effort de 10 kilog. ou 70 mill. à 560 kilog., en appelant

P le poids de la bande de $0^m,070$ de largeur,

p le poids de la partie comprise entre la courbe et la ligne du zéro,

F l'effort moyen cherché, on aura

$$F = 560 \frac{P}{p} \text{ kilog.}$$

Pour chaque instrument on donnerait de même le nombre de kilogrammes correspondant à une flexion de $0^m,070$, et alors la recherche de l'effort moyen se réduirait à celle du quatrième terme d'une proportion.

Cette méthode simple et exempte de tout calcul est d'une exactitude supérieure aux besoins de la pratique et qui dépasse même ce que l'on pouvait en espérer. Des relèvements faits successivement par les deux procédés indiqués ci-dessus ont donné des valeurs de l'effort moyen qui s'accordent de $\frac{1}{50}$ à $\frac{1}{100}$ près.

19. Usage du planimètre pour la quadrature des courbes. — Mais cette opération, qui n'exige que l'habitude de découper avec un peu d'adresse le contour des courbes, peut encore être remplacée avec avantage par l'emploi du planimètre de M. Ernst, instrument fort en usage parmi les géomètres du cadastre et auquel il suffit de faire subir quelques légères modifications pour l'approprier à ce genre de relèvement.

Quoique ce planimètre soit connu, il ne sera sans

doute pas inutile de rappeler le plus succinctement possible le principe sur lequel il est fondé.

PLANIMÈTRE DE M. ERNST. — Cet instrument se com-
pose d'un cône *bcb* dont l'axe est incliné sur le plan de
la table qui porte l'instrument, de façon que son arête
supérieure soit parallèle à ce plan. Ce cône est monté à
pointes sur deux supports fixés à une platine X, et sur
son axe prolongé est une roulette *aa*, qui est pressée
contre une bande LL, parallèle aux guides suivant lesquels peut glisser le plateau XX; de sorte que, quand
on pousse cette platine en avant ou en arrière, dans le
sens de LL, la roulette et le cône tournent et font un
nombre de tours proportionnel au chemin parcouru.

Un compteur dont la pièce principale est une roulette
dd verticale et perpendiculaire à l'arête horizontale supérieure du cône, tournant autour d'un axe parallèle à
cette même arête, est monté à pointes sur une pièce à
coulisses *ff* qui se meut avec la platine XX, mais qui
peut en outre recevoir un mouvement perpendiculaire à
la bande LL, de façon que la roulette peut se rapprocher
ou s'éloigner à volonté du sommet du cône. Le compteur reposant sur la surface du cône par son propre poids,
on conçoit que, quand ce cône tourne, la roulette en
fait autant, et il est évident que le nombre de tours
qu'elle fait est toujours proportionnel, 1°. au nombre
de tours du cône ou à la longueur du chemin parcouru
dans le sens LL, et 2°. à la distance de la roulette au
sommet du cône ou au produit de ces deux quantités.

Cela posé, supposons que la roulette étant au sommet
du cône, une pointe *g* placée sur la coulisse *ff* corresponde à une ligne RS parallèle au guide LL et soit sur le
point R, il est évident que, si l'on pousse la platine XX,
de façon que cette pointe suive exactement la ligne RS,

la roulette ne tournera pas, puisque la vitesse du sommet du cône est nulle ; mais si la pointe g est en M et la roulette à une distance égale à MR = NS, lorsque la pointe sera poussée de M en N, le nombre de tours de la roulette sera proportionnel à la longueur RS, qui est la base du rectangle MNSR, et à la hauteur MR de même rectangle. Il le sera par conséquent à la surface de ce rectangle. De même, si l'on fait suivre à la pointe g la ligne OP, le nombre de tours de la roulette sera proportionnel à la surface du rectangle ORSP.

Mais, dans l'exécution de l'instrument, on ne peut faire arriver la roulette jusqu'au sommet du cône, qui est supprimé, et il faut modifier un peu la manière d'obtenir la surface du rectangle à mesurer.

Supposons, par exemple, qu'il s'agisse de calculer la surface du rectangle OMNP. On amène d'abord la pointe g au-dessus de la ligne MN, en s'assurant qu'elle la suit bien exactement dans le mouvement de transport de la platine XX. On pousse alors tout l'instrument, de façon que cette pointe g aille de M en N ; la roulette du compteur fait alors, dans un certain temps, un nombre de tours proportionnel à la surface du rectangle RMNS ; on tire ensuite la coulisse ff et on conduit la pointe g au-dessus du point P, et on ramène la platine XX en arrière de manière que la pointe g suive la ligne PO. Dans ce mouvement rétrograde la roulette tourne en sens contraire et fait un nombre de tours proportionnel à la surface du rectangle ORSP, et comme dans ces deux mouvements consécutifs elle a marché dans deux sens opposés, il est évident que le nombre définitif des tours qu'elle a faits est proportionnel à la différence des deux rectangles ORSP et MRSN ou à la surface du rectangle OMNP.

Le mouvement de la roulette se transmet par des engrenages aux aiguilles de deux limbes, dont l'une donne les unités, dixaines et centaines de millimètres quarrés, et l'autre les mille et dixaines de mille millimètres quarrés.

Ce que nous venons de dire pour un rectangle s'applique exactement à la quadrature d'une surface terminée, comme dans les courbes tracées par les styles du dynamomètre, d'un côté par une ligne droite et de l'autre par une ligne courbe ondulée op, car chaque élément d cette surface $u\,v\,x\,y$ peut être regardé comme un petit rectangle, dont la base est ux et la hauteur la moyenne arithmétique entre uv et xy.

Pour procéder au relèvement d'une courbe, ou à la quadrature de la surface $MN\,po$, on opère donc ainsi qu'il suit : on fixe la feuille de papier sous la planchette du planimètre, de façon que la pointe g étant reculée au plus près de cette planchette, elle suive exactement la ligne MN du zéro des efforts, quand on pousse le plateau XX dans le sens M en N. Cela fait, on ramène la pointe g au-dessus de M, on soulève le compteur et on ramène à la main les aiguilles des deux limbes au zéro, on pose doucement la roulette sur le cône et on pousse la platine XX, de façon que la pointe g aille de M en N. On tire alors la coulisse ff, pour amener la pointe g sur le point p, puis, à l'aide du double mouvement qu'on peut lui imprimer, on suit exactement avec cette pointe toutes les sinuosités de la courbe, jusqu'à ce que la pointe g soit parvenue en o. On lit alors sur les deux limbes le nombre de millimètres quarrés contenus dans la surface à quarrer, et, en la divisant par la longueur de la base MN, exprimée en millimètres, on a pour quotient l'ordonnée moyenne

ou la hauteur du rectangle de même surface, et par
suite l'effort moyen exercé.

20. Observations sur les conditions a remplir
pour obtenir des quadratures exactes avec le planimètre. — La substitution d'un cône en bois au cône
de métal poli en usage dans le planimètre, a été le seul
moyen d'obtenir des résultats exacts avec cet instrument dans ses proportions ordinaires. En effet, il est de
toute nécessité, pour l'exactitude, que la roulette ne
glisse pas sans rouler, ou que le frottement de glissement soit toujours plus grand que le frottement de
roulement. Or, dans les proportions habituelles, la résistance au roulement éprouvée par la roulette du compteur est assez grande pour que le frottement de glissement de cette roulette en cuivre sur un cône de fonte
ou d'acier poli lui soit inférieur, et il arrive alors que
la roulette glisse en partie sans tourner, d'où il résulte
que le nombre de tours qu'elle fait n'est plus proportionnel à la surface à quarrer. La différence est d'autant plus considérable que la courbe présente des incli-
naisons plus grandes par rapport à la base ou à la ligne
du zéro. Les résultats suivants montrent l'exactitude
de cette remarque, et feront sentir combien il importe
de proportionner les résistances éprouvées par cet
appareil.

Deux cônes, l'un en bois, l'autre en fonte polie, ont
été ajustés pour le même planimètre. Sur une base de
0^m,300 de longueur, partagée en 10, ensuite en 20 parties, on a construit d'abord 10, puis 20 triangles de
0^m,050 de hauteur. La somme des surfaces des 10 triangles dans un cas, ou des 20 dans l'autre, était donc
égale à 7500 millimètres quarrés. On a aussi opéré sur
trois triangles de 0^m,090 de base sur 0^m,050 de hauteur,

afin de reconnaître l'influence de l'obliquité des lignes suivies. Les résultats obtenus sont consignés dans le tableau suivant.

Tableau des résultats comparatifs des quadratures faites au planimètre avec des cônes polis et non polis.

TRIANGLES RELEVÉS.			CÔNE employé.	État de la surface du cône.	SURFACE obtenue.		Différence au résultat exact.	Rapport de la différence au résultat exact.
nombre.	dimensions.	surface exacte.						
3	90 sur 95 (mm sur mm)	6,750	en fonte.	polie.	5,916 / 5,814	5,865	885	$\frac{1}{7,6}$
Idem.	Idem.	Idem.	en bois.	polie.	6,706 / 6,808	6,755	5	»
			en fonte.	polie.	4,556		2,944	$\frac{1}{2,6}$
10	30 sur 50	7,500	en bois.	polie.	7,144 / 7,286 / 7,256 / 7,344 / 7,273 / 7,228 / 7,275	7,258	242	$\frac{1}{21}$
				dépolie.	7,428 / 7,434 / 7,549	7,431	69	$\frac{1}{108}$
				mouillée et séchée.	7,492 / 7,520 / 7,507 / 7,563 / 7,538 / 7,547 / 7,545	7,533	33	$\frac{1}{227}$
20	15 sur 50	7,500			7,535 / 7,501 / 7,512 / 7,528	7,519	19	$\frac{1}{395}$
demi-cercle de 70 de diam.		7,500	en bois.	mouillé et séché.	7,676 / 7,676 / 7,673	7,676	37	$\frac{1}{208}$

On voit donc que l'exactitude de cet instrument s'est accrue avec le frottement de glissement.

Ces observations montrent combien il est nécessaire

que le frottement de glissement l'emporte sur celui de roulement dans cet appareil, ainsi que dans le dynamomètre à compteur dont il est parlé plus loin et dont les indications doivent aussi leur précision à l'emploi d'un plateau en bois sur lequel marche la roulette. C'est faute d'avoir proportionné convenablement ces résistances, que plusieurs personnes ont échoué dans les tentatives qu'elles ont faites d'employer le planimètre à la quadrature des surfaces quelconques.

On pourra, du reste, accroître l'influence relative du frottement de glissement, en augmentant, d'une part, le diamètre de la roulette, et, de l'autre, en faisant croître, dans le même rapport, le poids du compteur. En effet, par la première disposition, le frottement de roulement rapporté à la circonférence de la roulette sera réduit; mais, la seconde l'augmentant dans le même rapport, il s'ensuit qu'il restera le même, tandis que le frottement de glissement sera augmenté proportionnellement à la pression.

Quand on est un peu exercé, on relève une longueur d'un mètre de papier en 6 ou 8 minutes.

21. Appareil pour totaliser la quantité d'action ou de mouvement développée pendant un intervalle de temps ou de chemin considérable. — Le dynamomètre à styles et à bandes de papier de 16 à 18 mètres de longueur pouvant servir pour des espaces parcourus de 800 à 1,000 mètres, selon les rapports que l'on établira entre les renvois de mouvement ou pendant environ trois quarts d'heure avec le moteur chronométrique, il est évidemment suffisant pour des études sur le tirage des voitures, sur les chemins de fer, sur le halage des bateaux, sur le tirage des charrues, etc. Mais, lorsqu'il s'agira d'observer les quantités d'action développées par les divers moteurs animés, dans un travail suivi et continu pendant toute une journée, ou quand on voudra parcourir sur des routes ou sur des chemins de fer des étendues considérables, et qu'on ne voudra ni ne pourra pas s'arrêter pendant les expériences, et qu'enfin on voudra avoir de suite la quantité d'action totale développée par le moteur, on sent que ce dynamomètre à styles ne suffirait plus et qu'il faut avoir un moyen commode de totaliser les quantités d'action ou de mouvement dépensées. Tel est le but que j'ai atteint à l'aide du compteur que je vais décrire et dont le principe est analogue à celui du planimètre.

La griffe postérieure c (Pl. I, Fig. 4), est traversée par un axe de rotation sur lequel est vissé le plateau B de $0^m,080$ de rayon placé au-dessus des lames et qui reçoit à sa partie inférieure une poulie D, à laquelle le mouvement est transmis, soit pour les voitures par une corde sans fin entourant le rayon de l'une des roues, soit pour les bateaux par un moteur chronométrique. Un support E faisant corps avec la griffe antérieure d soutient un compteur, qui, par conséquent, suit tous les mouvements de flexion de la lame antérieure.

La pièce principale du compteur (Fig. 5) est une roulette T, montée sur un axe qui est parallèle au plateau B et à la direction des efforts de traction, quand le compteur est abaissé. Cette roulette repose sur le centre du plateau, quand le ressort n'est pas tendu ou quand les griffes se touchent, et, par conséquent, elle reste alors immobile, si le plateau tourne. Mais, quand le ressort est tendu, la roulette, suivant le mouvement de la griffe antérieure d, s'éloigne du centre et, par conséquent, elle reçoit du plateau un mouvement de rotation sur son axe d'autant plus rapide .

que l'effort exercé est plus considérable et que le plateau tourne plus vite.

D'après cet aperçu, la théorie de cet instrument est facile à établir. En effet, en nous occupant d'abord des voitures avec lesquelles le mouvement du plateau se prend sur l'une des roues, et se trouve ainsi dans un rapport constant avec le chemin parcouru, si nous appelons

r la distance de la roulette au centre du plateau, en mètres, sous l'effort de la traction F exprimée en kilog.,

$r_{\prime}$ le rayon de la roulette,

e le chemin parcouru en une seconde par la voiture dans le sens du tirage,

R le rayon de la roue sur laquelle on prend le mouvement.

$n = \dfrac{e}{2\pi R}$ le nombre de tours de la roue corrrespondant au chemin e,

$K = \dfrac{F}{r}$ le rapport des efforts aux flexions mesurées,

N le nombre de tours de la roulette correspondant au chemin e,

R$'$ le rayon du moyeu de la roue sur laquelle se prend le mouvement du plateau,

r' le rayon de la poulie du plateau.

Il est évident que ce plateau fera un nombre de tours égal à $\dfrac{R'}{r'}$ pour un tour de la roue, ou bien

$$\frac{e}{2\pi R} \times \frac{R'}{r'}$$

tours pour le chemin e parcouru dans le sens du tirage.

La roulette fera $\dfrac{r}{r_{\prime}}$ tours pour un tour du plateau; on aura donc

$$N = \frac{e.}{2\pi R} \times \frac{R'}{r'} \times \frac{r}{r_{\prime}}$$

pour le nombre de tours de la roulette correspondant à un chemin *e* sous l'effort de traction **F**.

Mais on a

$$K = \frac{F}{r} \text{ d'où } r = \frac{F}{K}$$

et par suite

$$N = \frac{R'}{2\pi R r' r_{\prime} K} \times F e.$$

d'où

$$F e = \frac{2\pi R r' r_{\prime} K}{R'} \times N$$

Or, le facteur $\dfrac{2\pi R r' r_{\prime} K}{R_{\prime}}$ n'étant composé que de quantités constantes, dépendantes des proportions adoptées pour les rayons et de l'élasticité du ressort, il s'ensuit que le nombre N de tours faits par la roulette, pendant que la voiture aura parcouru l'espace *e*, est dans un rapport constant avec le travail développé, et que ce facteur étant une fois calculé pour un dynamomètre et pour la voiture à laquelle on l'applique, il suffira de le multiplier par le nombre N de tours de la roulette, pour en déduire la quantité d'action développée par le moteur.

Dynamomètre a compteur avec moteur chronométrique. — S'il s'agissait d'un bateau sur lequel le mouvement fût communiqué au plateau B par un moteur chronométrique avec une vitesse uniforme connue, en appelant *t* la durée d'un tour du plateau en secondes,

T la durée totale de l'observation,

$\dfrac{T}{t}$ sera le nombre de tours du plateau pendant l'observation,

Et

$$\frac{T}{t} \times \frac{r}{r_{,}} = N$$

sera le nombre de tours de la roulette pendant le même temps et à cause de

$$r = \frac{F}{K}$$

$$F\,T = t r_{,} K N.$$

Le temps t étant observé au commencement de l'expérience, $r_{,}$ et K étant connus, on voit encore que la quantité de mouvement FT développée par le moteur dans le temps T est proportionnelle au nombre N de tours faits par la roulette dans le même temps.

Mais je dois faire observer que l'instrument étant exposé à la poussière, on ne peut se flatter d'obtenir une régularité de mouvement assez parfaite pour que les résultats totaux obtenus soient exacts et que la vérification de la régularité du mouvement ou la correction de son irrégularité ne peut, dans le cas actuel, se faire avec la même facilité que pour le dynamomètre à styles. Pour pouvoir compter sur l'exactitude d'un semblable instrument il faudrait un moteur à force constante dont le prix serait considérable.

22. Dispositif pour obtenir des indications du nombre de tours faits par la roulette. — Cela posé, il ne nous reste plus qu'à indiquer comment le compteur permet de noter, sans arrêter le mouvement et sans regarder, le nombre de tours de la roulette.

L'arbre *a* de cette roulette (Fig. 5, Pl. I) porte une vis sans fin *b* qui engrène avec un pignon *c* à axe vertical de 25 dents, et le pas de la vis étant égal à celui de l'engrenage, il passe une dent du pignon par tour de la roulette, ou le pignon fait un tour pour 25 tours de la roulette. L'arbre du pignon porte un autre pignon *d* de 10 dents, qui conduit une roue *e* de 40 dents, laquelle ne fait, par conséquent, qu'un tour pour 4 tours du pignon, ou pour 100 tours de la roulette. Sur l'arbre de cette roue est un premier limbe *f*, en émail, divisé en 100 parties, dont chacune correspond par conséquent à un tour de la roulette. Le même arbre transmet par un pignon et une roue intermédiaire son mouvement à un second limbe *g* émaillé, divisé en 100 parties, qui fait 1 tour pour 50 tours du premier limbe ou par conséquent pour 5,000 de la roulette et dont chaque division correspond à 50 tours de la roulette. Le premier limbe sert à compter les tours de la roulette et le second les centaines de tours.

Mais il faut avoir un moyen de marquer sur ces limbes le nombre de divisions qui ont passé dans un intervalle donné. A cet effet un petit pont *h*, placé au-dessus des deux limbes, est percé de deux trous coniques, correspondants aux cercles divisés et dans la direction de la ligne des centres. Deux petits tire-lignes *i* et *k* traversent ces godets et sont ordinairement tenus à distance des limbes par un ressort qui les relève, mais peuvent être amenés au contact avec ces limbes par une pression ou un léger coup donné sur le bouton *r*. Les godets sont remplis d'encre grasse faite avec du noir d'ivoire et de l'huile d'horloger; et les tire-lignes, qui s'en chargent, en les traversant, marquent simultanément sur les limbes des points noirs, qui se correspondent et se trouvent dans le prolongement de la ligne des centres. Il suit de là qu'il ne peut jamais y avoir de confusion entre les points marqués sur les limbes, parce que ceux qui l'ont été au même instant se retrouvent ensemble sous les styles. On peut donc multiplier les observations pendant une même expérience, et par exemple sur une route, marquer le nombre de tours de kilomètre en kilomètre ou de lieue en lieue.

Le compteur est renfermé dans une boîte qui le met à l'abri de la poussière et de la pluie et pour empêcher que les cahots ne fassent sauter l'instrument et n'interrompent le mouvement de la roulette, deux ressorts m placés sur les côtés pressent la boîte sur le plateau ou plutôt sont ajustés de manière à s'opposer à tout soulèvement. On peut à volonté relever le compteur et l'accrocher à l'arrêt n, lorsqu'une expérience est terminée ou n'est pas commencée.

Enfin, par une disposition de vis de rappel et de mouvement qu'il est superflu de détailler, on amène facilement la roulette au centre du plateau, lorsque le ressort est débandé.

23. Observation sur l'étendue de chemin que l'on peut parcourir avec cet appareil. — On conçoit d'ailleurs que moins le plateau fera de tours par tour de roue ou par seconde et plus le ressort sera roide, plus la roulette tournera lentement, et comme on est maître de faire varier ces rapports entre des limites très-étendues, on pourra toujours disposer les choses de manière que les 5,000 tours de la roulette, correspondants à une révolution entière du second limbe, ne soient accomplis qu'au bout de plusieurs lieues ou de plusieurs heures.

Avec une lame de 600 kilog. et cinq chevaux attelés à une diligence, pesant 5000 kilog., on pourrait sur une route horizontale en bon état, observer la quantité d'action développée par les chevaux pendant huit à dix lieues. Et comme le compteur ne marche que quand le ressort est tendu, on voit de suite que, si par une circonstance quelconque, les chevaux cessaient d'agir pendant un moment, l'appareil en tiendrait compte; on peut donc arrêter pour laisser reposer les chevaux, et repartir quand on veut sans toucher à l'instrument.

24. UTILITÉ DE CET APPAREIL POUR ESTIMER LA QUANTITÉ DE TRAVAIL DÉVELOPPÉE DANS UNE JOURNÉE PAR LES MOTEURS ANIMÉS. — On voit de suite combien cet appareil sera commode pour déterminer avec plus de précision qu'on ne l'a fait jusqu'ici la quantité d'action ou de travail développée par les moteurs animés, employés au tirage des voitures, des charrues, dans les manéges, et par suite pour leur achat.

DYNAMOMÈTRES DE ROTATION, OU NOUVEAUX APPAREILS PROPRES A MESURER LA QUANTITÉ DE TRAVAIL TRANSMISE OU CONSOMMÉE PAR LES MACHINES PENDANT UN TEMPS PLUS OU MOINS LONG.

25. Le frein dynamométrique de M. de Prony a été l'objet de critiques aussi dénuées de fondement que de convenance dans leur expression, et qui n'ont eu que le triste effet d'affliger, dans ses derniers jours, le vieillard vénérable à qui l'industrie devait cet utile instrument. Mais on doit reconnaître que cet appareil, si simple et si commode dans un grand nombre de cas, offre dans d'autres quelques inconvénients et ne peut même souvent être employé. Son usage exige, en effet, que la fabrication soit interrompue, afin que tout le travail du moteur, que l'on expérimente, soit absorbé par le frein, et dès lors, quand il s'agit de mesurer la force consommée par une ou plusieurs des machines en activité dans un atelier, cet instrument ne peut être d'aucun usage ; de même, lorsqu'un moteur faisant marcher dans diverses parties d'un bâtiment des machines différentes, on veut déterminer la quantité de travail livrée ou transmise à chaque atelier, il n'est pas possible de se servir pour cet usage du frein dynamométrique.

Ces circonstances se présentent souvent dans la pratique, et les ingénieurs sont journellement embarrassés pour apprécier la force nécessaire pour faire marcher les diverses machines de fabrication. Ils n'ont à ce sujet que des données quelquefois trop vagues, déduites d'observations indirectes, et de cette incertitude résultent souvent des erreurs préjudiciables à l'industrie.

D'un autre côté, dans les grandes villes, où il y a beaucoup d'usines, où la force des moteurs est louée en détail à des industriels, qui emploient des machines fort différentes, des contestations nombreuses s'élèvent sans cesse entre les locataires et les propriétaires, sur l'appréciation de la force consommée, sans que les tribunaux ni les experts qu'ils nomment puissent les résoudre d'une manière juste et certaine.

Il faut donc à l'industrie un instrument d'un usage commode qui, à l'aide d'opérations très-simples, permette selon les besoins de mesurer, pendant la fabrication et pendant un temps plus ou moins long, la quantité de travail consommée par une machine donnée ou transmise par un moteur. Il faut aussi qu'au besoin l'expérience puisse être prolongée pendant un temps fort long, sans que la présence des observateurs soit nécessaire, et néanmoins sans que les résultats puissent être altérés par la mauvaise foi.

Pour résoudre cette question, je me suis proposé de

construire deux dynamomètres de rotation basés sur le principe de ceux que j'avais employés, en 1834, à mes expériences sur le frottement des axes de rotation.

Le premier est destiné à donner, pendant un nombre de révolutions qui peut s'élever de 150 à 450 et même plus, la quantité de travail ou l'effort moyen transmis par un moteur à une machine avec toutes ses variations ; cet appareil devant fonctionner pendant que la machine travaille, et sans gêner aucunement la fabrication, et pouvant être, au besoin, appliqué à une ou plusieurs machines et transporté de l'une à l'autre, sans exiger aucun changement.

A l'aide de cet instrument, un constructeur peut étudier et déterminer directement la quantité de travail nécessaire pour faire marcher diverses machines de fabrication, soit ensemble, soit séparément.

Le second appareil est destiné à marcher pendant un temps fort long, et doit donner, après une journée, une semaine, une quinzaine, la quantité totale de travail transmise par le moteur ou consommée par une machine, de façon que les résultats indiqués par un compteur, renfermé dans une boîte à deux clefs, ne puissent être altérés.

Un semblable instrument, placé dans un atelier, indiquerait, à la fin de chaque semaine, la force qui aurait été réellement consommée par le locataire, et servirait de base incontestable au règlement des loyers ; appliqué à une machine à vapeur pendant une quinzaine ou un mois, il montrerait, d'une manière irrécusable, quelle est la force de la machine et la quantité de travail qu'elle transmet par kilogramme de charbon brûlé, et peut-être alors, par ces expériences prolongées et à l'abri de toute fraude, verrait-on modifier un peu les résultats merveilleux annoncés par quelques constructeurs. Il est, en effet, nécessaire, pour cette dernière détermination, que l'expérience se prolonge longtemps, car la manière de conduire le feu, de préparer le foyer de la chaudière, ainsi que la durée des observations, ont une influence énorme sur les résultats.

La tare de ces instruments, ou la démonstration de l'exactitude de leurs indications et de leur rapport avec le travail exécuté ou transmis par la machine, est, d'ailleurs, comme on le verra plus loin, tellement simple et facile à comprendre qu'elle n'exige aucune autre connaissance en mécanique que celles qui sont possédées par les chefs ouvriers ordinaires.

Les principes de la disposition et de la construction des dynamomètres, employés à mesurer des efforts développés dans le tirage des voitures ou le halage des bateaux, peuvent, avec quelques modifications fort simples, s'appliquer à la mesure des efforts ou des quantités de travail transmises à des axes de rotation, et servir à la solution de la question proposée.

Nous avons donné, dans une première notice sur les appareils dynamométriques, une description de celui qui a servi, en 1834, pour les expériences sur le frottement des axes de rotation, mais il a reçu depuis des perfectionnements notables qui nous obligent à de nouveaux détails.

26. Description du dynamomètre a styles. — Sur un arbre, posé sur deux supports en fonte, fixés à un plateau en bois, sont placées trois poulies de même diamètre : la 1re A est fixe ; la 3e C, voisine de la 1re, est folle, et la 2e B est mobile autour de l'arbre, entre des limites que nous indiquerons. (Planche III.)

Cet appareil étant interposé entre un arbre moteur et une machine dont on veut mesurer la résistance, la poulie folle reçoit la courroie de transmission de l'arbre moteur, et quand on fait passer cette courroie sur la poulie fixe l'arbre se met en mouvement et prend une vitesse qui dépend du rapport du diamètre de la poulie à celui du tambour de l'arbre moteur.

La 2ᵉ poulie reçoit une courroie qui doit transmettre le mouvement à la machine ou vaincre la résistance ; mais, comme elle est folle ou à frottement doux sur l'arbre, elle ne serait pas entraînée dans le mouvement communiqué à cet arbre par la poulie fixe, si un arrêt, composé comme nous le dirons plus tard et qui fait corps avec elle, n'était pressé par l'extrémité d'une lame de ressort, implantée dans l'arbre, suivant un de ses rayons. Cette lame, qui fait corps avec l'arbre, tournant avec lui, agit sur l'arrêt, fléchit, et quand sa résistance à la flexion est susceptible de vaincre celle que la machine oppose, le mouvement commence et se trouve ainsi transmis de l'arbre moteur à la machine en expérience par l'intermédiaire d'une lame de ressort, dont les flexions sont la mesure immédiate de la résistance à vaincre.

La poulie mobile se déplaçant d'une quantité proportionnelle à la flexion de la lame, il suffit de connaître l'angle qu'elle décrit pour en déduire la flexion de cette lame. A cet effet, un style, ajusté à l'aide d'une vis sur un des bras de la poulie, s'approche à volonté d'une bande de papier douée d'un mouvement propre, en rapport constant avec celui de la poulie ou de l'arbre, et y trace une courbe des flexions du ressort absolument de la même manière que dans les dynamomètres employés pour les voitures.

Un autre style, immobile par rapport au premier,

trace en même temps une ligne correspondante à une flexion nulle ou à la position qu'occupait le style mobile quand la poulie était au repos ou n'était sollicitée par aucun effort. Cette ligne du zéro se trouve vers le milieu de la largeur de la bande de papier, afin que le mouvement ou l'effort puisse être mesuré indifféremment dans un sens ou dans l'autre.

Ce style est monté sur une traverse particulière, qui peut, à l'aide de vis de rappel, s'ajuster à la position convenable.

On a donc ainsi sur la bande de papier une courbe des flexions du ressort ou les efforts exercés.

Tel est l'ensemble de l'appareil ; ajoutons-y quelques détails sur la disposition de quelques-unes de ses parties.

27. Des lames. — Les lames de ressorts employées ont la forme parabolique des solides d'égale résistance, afin d'obtenir, à résistance égale, des flexions doubles et, par conséquent, plus de sensibilité. Une de leurs extrémités, terminée par une partie prismatique de même largeur et épaisseur pour toutes les forces, afin de faciliter les changements, s'engage dans une mortaise pratiquée sur le corps de l'arbre et y est retenue par une vis de pression, de manière à faire corps avec lui. On peut, sur un même arbre, disposer ainsi plusieurs lames ; mais deux suffisent pour les cas ordinaires, parce qu'on a la facilité de les changer et d'en placer de différentes forces, suivant l'intensité présumée de la résistance à mesurer.

L'autre extrémité des lames, celle qui est vers la circonférence de la poulie, traverse l'arrêt et transmet, par son point de contact, le mouvement de l'arbre à cette poulie. Pour éviter que le bras de levier de l'effort transmis ne varie de quantités notables pendant la flexion de la lame, et en même temps pour empêcher que, dans les variations de l'effort et de la vitesse, la lame cesse d'agir sur la poulie, l'arrêt est disposé ainsi qu'il suit.

28. DISPOSITION DE L'ARRÊT. —Sur une oreille, coulée avec la poulie, est fixée une plaque en fer portant deux montants à coulisses parallèles à l'axe, réunis au sommet par un chapeau. Dans les coulisses de ces deux montants et parallèlement à la surface de la lame, sont deux couteaux en acier à angles arrondis, qui peuvent, à l'aide de vis de rappel, se rapprocher des lames de chaque côté et qui s'en éloignent, quand on desserre ces vis, par l'action d'un ressort à boudin qui les retire. On approche ces deux couteaux de la surface des lames, assez près pour ne leur laisser que la liberté de glisser sans être serrées entre les deux couteaux. Il résulte de là que, dans les variations d'effort ou de vitesse de l'arbre moteur ou de la résistance, la lame peut fléchir dans un sens ou dans l'autre et indiquer ainsi, sans temps perdu, toutes les variations de l'effort exercé. De plus, l'action est transmise sans choc et graduellement.

29. MOYEN D'EMPÊCHER LES LAMES D'ÊTRE FORCÉES. — La flexion des lames ne pouvant dépasser certaines limites sans que leur élasticité soit altérée, il importe de la borner convenablement. A cet effet, la poulie mobile porte une saillie ou épaulement terminé par deux plans dirigés vers son centre et qui, lorsque cette poulie est en place, se trouve engagé entre deux arrêts ou épaulements ménagés au corps de l'arbre et pareillement limités par deux plans dirigés au centre de cet arbre. L'angle compris entre ces deux plans est tel que la poulie peut se déplacer à droite ou à gauche d'une quantité correspondante à $\frac{1}{10}$ de la longueur des lames, avant que l'arrêt de la poulie les rencontre : ce qui suffit pour que l'élasticité des lames ne puisse jamais être altérée lors de la mise en train de la machine.

S'il arrivait que dans les variations de l'effort exercé l'arrêt de la poulie atteignît souvent les épaulements, ce dont on serait averti par l'inspection des flexions ou de la trace du style qui serait alors à la plus grande distance, ce serait un indice que les lames employées seraient trop faibles pour l'effort à mesurer, et alors il faudrait en mettre de plus roides.

30. TRANSMISSION DU MOUVEMENT DE L'ARBRE À LA BANDE DE PAPIER QUI REÇOIT LES TRACES DU STYLE. — L'appareil qui porte et développe la bande de papier est en tout semblable à celui qui est adapté aux dynamomètres ordinaires. Il est muni d'une fusée compensatrice, à laquelle le mouvement est transmis de la manière suivante.

Un anneau denté est ajusté à frottement doux sur l'arbre, et sa denture hélicoïde engrène avec un pignon dont l'axe compris dans un plan perpendiculaire à celui de l'arbre ne rencontre pas celui-ci.

L'arbre de ce pignon porte une vis sans fin, qui conduit un pignon monté sur le prolongement de l'axe du petit cylindre, sur lequel s'enroule la soie qui entraîne la fusée.

Il est facile de se rendre compte de la marche de cette transmission de mouvement. En effet, si l'anneau denté au lieu d'être à frottement doux sur l'arbre était entraîné dans sa marche, il n'y aurait aucun mouvement relatif, et la fusée ainsi que le papier ne se déplaceraient pas par rapport aux styles, de sorte que celui de zéro toucherait toujours au même point et celui des flexions parcourrait le même arc de cercle concentrique à l'ar bre. Mais si, au lieu de laisser tourner l'anneau avec cet arbre, on l'arrête au moyen d'un embrayage sur lequel un arrêt fixé à l'anneau denté vienne se poser, quand on le tourne convenablement, alors, l'anneau denté étant fixe dans l'espace, tandis que le pignon emporté par l'arbre roule autour de lui, ce pignon prend un mouvement relatif qu'il transmet à la vis, à la fusée et à la bande de papier.

Il suit de cette disposition que, quand l'appareil est en mouvement et que la machine fonctionne, on peut, à volonté, à l'aide de l'embrayage, faire mouvoir ou arrêter la bande de papier, qui reçoit les traces des styles; ce qui permet de commencer ou d'interrompre l'expérience sans gêner la marche de la machine.

Dans les proportions adoptées la fusée ayant 66 filets, son petit diamètre $0^m,040$, celui du cylindre moteur $0^m,030$, le pignon 32 dents, la vis 3 filets, le pignon 23 dents, l'anneau 84 dents et le cylindre $0^m,050$ de diamètre, il est facile de voir que les 66 filets de la fusée ou la longueur totale de la bande de papier, dont il passerait $0^m,030$ par tour de roue, correspondrait à 344 tours environ de l'arbre, ce qui permet de faire durer l'expérience pendant un nombre de révolutions bien suffisant pour obtenir un grand nombre de valeurs de l'effort à mesurer, ainsi que toutes ses variations.

31. Dynamomètre de rotation a compteur. — L'appareil que nous venons de décrire, pouvant donner toutes les valeurs de l'effort nécessaire pour faire marcher une machine pendant un nombre considérable de révolutions, est d'un usage commode pour l'étude des effets des diverses machines de fabrication; mais il est des cas où il est nécessaire de prolonger les observations pendant un temps beaucoup plus considérable, et alors ce dispositif ne pourrait suffire.

Il est facile de remplacer le style et la bande de papier par un plateau et un compteur tout à fait semblables à ceux qui ont été employés pour les voitures et décrits au n° 2 : quelques mots suffiront pour donner une idée de cette nouvelle disposition. (Pl. IV.)

La poulie mobile et la monture des lames de ressort sont tout à fait semblables à celles du dynamomètre à styles. Un anneau à frottement doux et denté en roue d'angle, engrène avec un pignon conique dont l'axe rencontre à angle droit celui de l'arbre. L'axe de ce pignon se termine par une vis sans fin, qui conduit une roue dentée dont l'axe parallèle à celui de l'appareil, porte à l'autre bout un plateau en cuivre, dont le plan est perpendiculaire à l'arbre. La poulie mobile porte un compteur à roulette semblable à celui qui a été décrit au n° 21 et qui se déplace avec cette poulie d'une quantité proportionnelle à la flexion des lames. Des vis de rappel permettent de placer la roulette au centre du plateau, quand l'appareil est au repos ou qu'aucun effort n'est exercé à la circonférence de cette poulie.

Il est évident, comme pour le dynamomètre à compteur adapté aux voitures, que le plateau étant animé d'une vitesse proportionnelle à celle de l'arbre ou en raison du chemin parcouru par la circonférence de la poulie, et le compteur ou sa roulette s'éloignant du centre d'une quantité proportionnelle aux efforts exercés à la même circonférence, le nombre de tours que fera la roulette sera proportionnel à la quantité de travail transmise à la machine. Le compteur porte deux limbes dont le premier divisé en 100 parties fait 1 tour pour

100 tours de la roulette et le deuxième 1 tour pour 200 tours du premier ou pour 20,000 tours de la roulette ; par conséquent il peut marcher pendant un temps fort long, sans que le deuxième limbe ait fini sa révolution.

32. Temps pendant lequel l'appareil peut mesurer le travail d'une machine. — On voit de suite que le temps pendant lequel l'instrument pourra mesurer le travail transmis par le moteur ou consommé par la machine, dépend d'une part de la roideur et du nombre des lames que l'on devra proportionner de telle façon que pendant la marche elles n'atteignent jamais qu'accidentellement la limite de leur flexion, et de l'autre du rapport de la vitesse du plateau à celle de l'arbre et des proportions du compteur. On pourra donc, sans peine, construire de semblables instruments capables de marcher pendant quinze jours ou un mois en mesurant le travail d'une machine de 20 à 30 chevaux si l'on veut, et il serait même facile d'aller au delà.

Un appareil de ce genre exécuté pour l'Institut des arts techniques de Berlin, ayant les proportions suivantes, a donné les résultats que nous allons rapporter.

La roue conique mobile montée sur l'arbre a 74 dents,
Le pignon conique qu'elle conduit. 16
La vis sans fin montée sur le même arbre, 1 filet,
La roue qu'elle conduit et qui est montée sur l'axe du petit plateau. . . . . 36 dents :

Par conséquent le plateau fait un tour pour

$$\frac{36 \times 16}{74} = 7.7838 \text{ tours de l'arbre.}$$

La circonférence de la poulie est de 3^{m},223, y compris l'épaisseur de la corde employée.

En suspendant à la poulie des poids de 40 et de 80 kilog., on a trouvé qu'il fallait, dans le premier cas, 66 tours et, dans le second, 33 tours pour faire faire un tour à la roulette.

Par conséquent, un tour de roulette correspond à

$$40^{kils} \times 3^m.223 \times 66 = 8508^{km} 78.$$

Si, dans une expérience, l'arbre de l'instrument fait un tour en une seconde, il faudra $66''$ pour faire passer une division du premier limbe divisé en 100 parties, et comme le second limbe ne fait sa révolution que pour 200 tours du premier, on pourra mesurer le travail correspondant à un effort moyen de 40 kilog. pendant

$$66'' \times 20000 = 1320000'' = 30^j55 \text{ de } 12 \text{ heures.}$$

Avec cet effort moyen correspondant à $40^{kil} \times 3^m 223 = 128^{km}.92$, on voit qu'on pourra mesurer la force d'un cheval pendant

$$\frac{128.92}{75} \times 30.55 = 52 \text{ jours } 5.$$

Celle de 5 chevaux avec le même effort moyen, mais avec une vitesse quadruple pendant 10 jours 5.

Les mêmes lames peuvent servir pour mesurer un effort moyen de 80 kilogrammes dont l'effort maximum n'excéderait pas 120 kilog. Par conséquent elles peuvent être employées à déterminer le travail d'une machine

de 2 chevaux à 60 tours de l'arbre en une minute pendant 52 jours 5.
de 4 *id.* 120. *id* *id.* 26, 25.

On peut les remplacer par des lames de 200 ou 300 k. et plus ; par conséquent, avec des lames de cette der—

nière force, l'instrument peut servir à mesurer le travail d'une machine de 6 chevaux à 60 tours de l'arbre en 1 minute pendant 52 j. 5, et d'une machine de 12 chevaux à 120 tours de l'arbre en 1 minute pendant 26 j. 25.

Un autre dynamomètre du même genre, construit pour la collection du Conservatoire des arts et métiers, et particulièrement destiné aux machines de fabrication qui consomment peu de force, a donné les résultats suivants :

Désignation des lames montées sur l'instrument.	Effort maximum que chacune des deux lames supporte à sa flexion limite.	Poids suspendu à la circonférence de la poulie.	Nombre de tours de l'arbre.	Nombre de divisions du 1er limbe ou tours de la roulette.
2 lames n° 6.	10 à 12 kil...	10	200	5,3
		20	200	10,6
2 lames n° 8.	40 à 45 kil...	20	200	3,3
		40	200	6,6

Le diamètre de la poulie à laquelle les poids étaient suspendus, étant de $0^m.719$, y compris le diamètre de la corde, sa circonférence avait $2^m.259$ et la longueur développée par 200 tours était de $451^m.80$, ce qui donne pour les quantités de travail mesurées

aux charges de $\begin{cases} 10 \text{ kilog. } 10^k \times 451.^m8 = 4518 \text{ kil. m.} \\ 20 \qquad\quad 20 \times 451. 8 = 9036 \\ 40 \qquad\quad 40 \times 451. 8 = 36072 \end{cases}$

Par conséquent, une division du premier limbe ou un tour de la roulette représente avec les deux lames de 10 à 12 kilog., une quantité de travail de $\frac{4518}{5,3} = 852.^{km}45$, et avec les deux lames de 40 à 45 k. une quantité de travail de $\frac{9086}{3,3} = 2758.^{km}18$. Et puisque l'on peut compter jusqu'à 20000 divisions du premier limbe ou tours de la roulette, il s'ensuit que la quantité totale de travail que l'on peut mesurer, sans que le deuxième limbe fasse plus d'une révolution, est avec

$$\text{les 2 lames n}^\text{o}. 6 \quad 852.45 \times 20000 = 17049000^{km}$$
$$\text{n}^\text{o}. 8 \quad 2758.18 \times 20000 = 54763600$$

Il est évident que pour un effort donné, compris dans les limites de flexion des lames employées, la quantité de travail mesurée par le nombre de divisions du premier limbe sera d'autant plus grande que la vitesse ou le nombre de tours de la poulie sera plus considérable.

D'après ce qui précède, il sera facile d'exprimer, dans chaque cas, pendant combien de temps l'instrument pourra mesurer le travail d'une machine qui marche à une vitesse donnée. En effet, de cette vitesse connue on déduira d'abord le chemin parcouru en une seconde à la circonférence de la poulie de l'instrument, et en divisant par ce chemin, exprimé en mètres, la quantité de travail à mesurer, on aura la valeur de l'effort moyen exercé à cette circonférence. Les lames montées sur le dynamomètre doivent, en tous cas, être susceptibles de mesurer un effort d'autant plus supérieur à cet effort moyen que la machine sera sujette à plus d'irrégularité dans son mouvement. Cela fait, en divisant le travail total que l'instrument, muni de ces lames et de son compteur, peut mesurer par la valeur de la quantité de travail par seconde qu'il s'agit de vérifier et d'estimer exactement, on aura le nombre de secondes pendant lequel ou pourra prolonger l'expérience avec ce dynamomètre.

Ainsi par exemple s'il s'agit de

1, 2, 3, 4 chevaux de 75^{km} en $1''$ a des vitesses respectives de 50, 75, 100, 125 tours en $1''$, en montant les deux lames dont l'effort maximum peut s'élever à 40 ou 45 kil., les vitesses à la circonf. de la poulie étant $1^m,882$ $2^m,824$ $3^m,763$ $4^m,706$ l'effort moyen sera de 39^k9 $53^{kil.}20$ $59^{kil.}80$ $63^{kil.}7$.

Ces efforts étant tous compris dans les limites de flexion des lames pourront être mesurés facilement, quand même celui de la machine serait sujet à des variations considérables, et le travail correspondant aux forces indiquées étant de

75 150 225 300^{km} en $1''$, ils pourront être mesurés pendant 16,9 8,45 4,225 2,112 jours de 12 heures.

33. TARE DES DYNAMOMÈTRES DE ROTATION. — Avant de se servir des appareils que nous venons de décrire, il faut en faire la tare ; c'est-à-dire s'assurer, pour les dynamomètres à styles, de la proportionnalité des flexions des lames ou du déplacement de la poulie aux efforts exercés et en déterminer le rapport ; et pour le dynamomètre à compteur vérifier que les nombres de tours de la roulette sont proportionnels aux efforts et aux nombres de tours de la poulie, et déterminer à quel nombre de kilogrammes élevés à un mètre correspond une division du premier limbe. Ces questions sont faciles.

Pour le dynamomètre à styles, il faut d'abord vérifier si son centre de gravité est sur l'axe de l'arbre, ce que le constructeur a dû obtenir à l'aide de contre-poids convenablement disposés et ménagés à la poulie mobile. Ensuite, ayant placé l'appareil de manière que les lames soient horizontales, les couteaux suffisamment rapprochés des lames, on suspendra des poids à la circonférence de la poulie, et, faisant tourner à la main l'anneau mobile, on obtiendra une trace du style parallèle à la ligne du zéro. En augmentant successivement les poids de quantités égales assez différentes pour que les différences de flexion soient un peu grandes, dans le but d'éviter l'influence des petites erreurs, on devra avoir des écartements égaux entre les traces. Il sera bon de recommencer cette tare en suspendant des poids de l'autre côté de la poulie. L'écartement des lignes ainsi tracées de part et d'autre, et correspondantes à des poids égaux, sera double de la flexion produite de chaque côté, et la ligne du zéro sera au milieu.

On devra aussi s'assurer que la fusée compensatrice est tellement proportionnée qu'il passe des longueurs égales de papier pour un même nombre de tours de l'arbre.

Quant au dynamomètre à compteur, la tare en est aussi facile. La roulette étant amenée au centre du plateau, ce que l'on reconnaît facilement si le premier limbe reste immobile quand on tourne le plateau, on suspend des poids à la circonférence de la poulie et l'on observe le nombre de divisions du premier limbe qui passent pour un nombre donné de tours de l'anneau mobile, que l'on fait tourner à la main en répétant l'observation pour divers poids. Il est évident que le résultat de cette opération est absolument le même que si l'anneau, étant resté fixe dans l'espace, la poulie avait tourné, ou si le poids suspendu avait été élevé d'une quantité correspondante au nombre de tours que l'anneau a faits. Si donc l'on multiplie le poids suspendu par le développement du nombre de circonférences de la poulie correspondant, en tenant compte du diamètre de la corde employée, on aura la mesure du travail qui correspond à l'élévation du poids donné d'une pareille hauteur, et en divisant ce travail par le nombre observé de divisions du premier limbe, on aura le nombre de kilogrammes élevés à un mètre, qui correspond à une division du limbe. Ce quotient devra être le même pour tous les poids suspendus.

34. Observations sur la tare de ces instruments. — L'opération que nous venons de décrire ne présente aucune difficulté, et elle est assez simple pour pouvoir être comprise par les personnes le moins versées dans l'étude de la mécanique ; mais pour que les résultats présentent l'accord nécessaire, elle exige une simple précaution : c'est que l'œil de la poulie mobile et la partie de l'arbre sur laquelle il tourne soient très-propres et exempts de tout enduit gluant, afin que le frottement y soit aussi faible que possible et sans influence sensible sur l'exactitude de la tare et des indications de l'instrument. Il est facile de voir l'utilité et l'effet de cette précaution, car si l'on appelle

p le poids de la poulie mobile,

P l'effort exercé à sa circonférence ou le poids qui y est suspendu pendant la tare,

D le diamètre de la poulie,

d le diamètre de l'œil ou de l'arbre sur lequel il est rôdé et ajusté avec précision,

f le rapport du frottement à la pression pour les surfaces en contact,

L'effort qu'il faudrait exercer à la circonférence extérieure de la poulie pour vaincre le frottement de l'œil sur l'arbre, aura pour expression

$$f\,(p+\text{P})\,\frac{d}{\text{D}}\ \text{kilog.}$$

Dans les proportions adoptées le rapport $\frac{d}{\text{D}}$ est très-petit, le rapport f, en supposant les surfaces bien nettoyées et récemment lubrifiées d'huile, aura pour valeur $f=0{,}07$, de sorte que $f\dfrac{d}{D}$ sera fort petit et de quelques millièmes au plus. Ainsi, par exemple, pour le dynamomètre de rotation à styles du Conservatoire, on aura $d = 0^{m}{,}060$ $D = 0^{m}{,}715$, et par suite $f\dfrac{d}{D} = 0{,}006$; $p=20^{k}$ environ. Par conséquent l'effort qu'il faudrait exercer à la circonférence de la poulie, ou la portion du poids P qui peut être employée à vaincre le frottement de l'œil est

$$0{,}006\ (20 + P) = 0{,}120 + 0{,}206\,P.$$

Si par exemple on a $P = 30$ kilog., cet effort aura pour valeur

$$0^{k}{,}120 + 0{,}006 \times 30^{k} = 0^{k}{,}300 :$$

C'est-à-dire qu'il sera seulement le centième du poids moteur.

Si au contraire les surfaces étaient mal graissées ou couvertes d'un enduit épais et gluant, comme cela arriverait si on ne les avait pas essayées depuis longtemps, on aurait $f = 0{,}15$ et l'influence du frottement serait doublée.

Cette observation est surtout importante pour le cas où les efforts exercés sont très-faibles, parce qu'alors le frottement a une influence relative plus grande. Mais on voit en même temps qu'avec les soins convenables cette influence sera toujours très-petite sur les résultats.

35. DISPOSITION DU DYNANOMÈTRE DE ROTATION QUI PERMET DE LE PLACER SUR DIFFÉRENTS ARBRES. — Les appareils que nous venons de décrire doivent, ainsi que nous l'avons dit, être placés entre l'arbre moteur et la résistance, et, comme la poulie fixe et la poulie mobile ont exactement le même diamètre, la vitesse de la machine en expérience n'est nullement altérée. Mais il serait possible que, dans certaines circonstances, on voulût placer l'appareil sur l'arbre moteur lui-même ou sur celui de la résistance, en remplaçant le tambour ou la poulie qui communique le mouvement par celle du dynamomètre. Pour y parvenir il suffit de modifier l'appareil, ainsi qu'on l'a fait pour le dynamomètre envoyé à l'École des Arts et Métiers d'Elberfels.

Sur l'arbre moteur on place un manchon formé de deux pièces qui s'assemblent par des boulons et que l'on peut centrer sur cet arbre à l'aide de quatre vis, de façon que la surface extérieure soit parfaitement concentrique avec cet arbre. Cette opération faite, le manchon devient l'arbre du dynamomètre et reçoit la poulie mobile, qui est aussi en deux pièces, ainsi que l'anneau mobile. Tout le reste du dispositif est semblable à celui qui a été décrit plus haut. Le diamètre intérieur du manchon peut être tel qu'il s'adapte facilement sur des arbres de différentes grosseurs.

Le seul inconvénient de cette disposition, c'est que l'œil de la poulie étant plus grand que dans le premier cas, l'influence du frottement de cet œil y est plus sensible, quoique toujours assez faible.

36. CES APPAREILS PEUVENT S'APPLIQUER A DES COMMUNICATIONS DE MOUVEMENT PAR ENGRENAGES. — Dans la disposition précédente nous avons supposé que la communication du mouvement se faisait par des courroies, mais on comprendra facilement que rien ne s'oppose à ce que l'on remplace au besoin les poulies par des roues d'engrenage, soit planes, soit coniques.

Quant au relèvement des courbes, il s'exécute exactement comme pour celles qui sont tracées par le dynamomètre ordinaire à styles, soit à la glace, soit par le découpage, soit enfin et mieux à l'aide du planimètre.

DYNAMOMÈTRE OU INDICATEUR A STYLES POUR LA MESURE DE LA TENSION DE LA VAPEUR DANS LE CYLINDRE DES MACHINES A VAPEUR.

37. UTILITÉ D'UN INDICATEUR DE LA PRESSION DANS LES CYLINDRES DES MACHINES A VAPEUR. — Il y a long-temps que l'illustre Watt avait reconnu la nécessité d'étudier, par expérience, la relation qui s'établit entre la tension de la vapeur dans les chaudières et celle qui a lieu dans le cylindre. Il savait parfaitement que ces deux tensions ne sont sensiblement égales que dans certaines conditions et proportions particulières de dimensions et de vitesses, et c'est pour parvenir à approcher de cette égalité favorable au jeu et au meilleur effet de ces machines qu'il avait établi, par exemple, comme base de leur marche, que la vitesse du piston devrait s'éloigner fort peu d'un mètre par seconde pour les machines de force ordinaire et que l'aire des tuyaux et passages des orifices devait ètre $\frac{1}{25}$ de celle du piston.

Cette nécessité est devenue plus sensible encore par suite du grand nombre de systèmes et de dispositifs adoptés pour la construction des machines à vapeur, où la pression, la détente et la condensation sont combinées de manières différentes et difficiles quelquefois à apprécier, mais surtout depuis que l'établissement des chemins de fer a étendu l'emploi des machines locomotives, dont les pistons ont souvent des vitesses de $2^m,00$ à $2^m,50$, et quelquefois plus.

Wood avait aussi appelé l'attention des ingénieurs
sur ce sujet. On lit, en effet, dans son *Traité pratique
des chemins de fer* (page 185 de la traduction de la seconde édition par MM. Montricher et de Franqueville) :
« La vitesse d'écoulement de la vapeur et, par suite, sa
« pression sur la surface du piston dépend de la valeur
« de la résistance qui s'exerce sur le piston »…. et, « dans
« tous les cas, l'élasticité de la vapeur dans la chaudière
« et son élasticité dans le corps de pompe ont des valeurs
« différentes et sont mesurées, l'une par la pression
« exercée sur la soupape de sûreté, l'autre par la résis-
« tance qui s'oppose au mouvement du piston. »

Plus loin il ajoute (page 185) que « si la quantité de
« vapeur formée dans la chaudière n'était pas constam-
« ment égale à celle qui s'échappe par la soupape du ré-
« gulateur, son élasticité et sa vitesse d'écoulement dimi-
« nueraient nécessairement : par suite aussi la vitesse
« du piston se ralentirait jusqu'à ce que l'équilibre s'éta-
« blît entre les quantités de vapeurs produites et dé-
« pensées.

« En résumé, ajoute-t-il, la vitesse des machines
« locomotives est réglée par la quantité de vapeur qui
« peut être produite dans un temps donné et sous une
« pression déterminée. Il serait donc tout à fait inutile,
« pour donner à la machine une plus grande puissance,
« d'augmenter les dimensions du cylindre, si l'on ne
« pouvait augmenter en même temps la puissance de
« vaporisation de la chaudière. »

A ces citations je pourrais en ajouter d'autres tirées
du cours de mécanique appliquée, professé, de 1826 à
1831, à l'école de Metz par M. Poncelet ; d'un Mémoire
sur les expériences que j'ai faites en 1828 sur la machine
à vapeur de la fonderie de Douai et qui est inséré dans le

3ᵉ numéro du *Mémorial de l'artillerie*, et des ouvrages de M. Pambour, qui a beaucoup et avec raison insisté sur cet objet, pour montrer que depuis longtemps les ingénieurs sont d'accord pour reconnaître que la pression de la vapeur dans le cylindre est généralement inférieure à celle qui a lieu dans la chaudière, et que ce n'est que dans certaines circonstances et proportions, d'ailleurs généralement observées dans les bonnes machines, que ces deux pressions sont à peu près égales.

Mais si l'on est d'accord sur ce point, il n'en reste pas moins des difficultés assez grandes pour déterminer la valeur réelle de la pression dans le cylindre selon les proportions de la vitesse du piston, de la détente et des orifices d'admission et d'émission, pour qu'un instrument qui fournirait à la science et à la pratique des indications exactes ne puisse être fort utile aux progrès de l'une et de l'autre.

38. INDICATEUR DE WATT PERFECTIONNÉ PAR M. MAC-NAUGHT. — SES DÉFAUTS. — Pour déterminer le degré plus ou moins complet du vide obtenu dans le cylindre des machines à vapeur à condensation, Watt avait imaginé un petit appareil à piston et à ressort, auquel il avait donné le nom d'*indicateur*, et qui est décrit dans l'article *Steam and steam engine*, écrit par le docteur J. Robison pour l'*Encyclopédie britannique*. Cet appareil a reçu dans ces derniers temps de M. Macnaught des perfectionnements notables, et on en trouve dans les *Annales des mines* une description publiée par M. Combes.

Mais on peut reprocher à cet instrument, abstraction faite de la difficulté d'obtenir un ressort en spirale qui prenne des flexions proportionnelles aux efforts, de ne donner qu'une seule trace de la relation qui s'établit entre les pressions et les positions du grand piston, et, de plus, que le mouvement du cylindre, qui reçoit cette trace, n'est pas commandé d'une manière assez régulière, pour qu'on ait exactement les positions du piston correspondantes à des pressions données. Il est vrai que cela est assez indifférent pour le résultat de la méthode de calcul de M. Macnaught, qui se contente de prendre la somme d'un certain nombre de valeurs de la pression, correspondantes à des ordonnées équidistantes et de diviser cette somme par le nombre des valeurs, pour avoir la pression moyenne, ce qui est loin d'être exact. En effet, la véritable valeur de la pression moyenne, ou de la pression constante qui, agissant pendant toute la course, produirait le même travail mécanique, doit être déterminée, comme on le sait, par la méthode des quadratures de Simpson, en calculant l'aire comprise entre la ligne du zéro des pressions, les ordonnées extrêmes de la courbe et la courbe elle-même, et en divisant cette aire par la longueur de la course ou la distance des ordonnées extrêmes; ce qui exige que cette distance soit dans un rapport exact et constant avec la longueur de course.

C'est par ces motifs que j'ai pensé qu'il serait utile de construire un petit appareil dynamométrique susceptible d'indiquer pendant un assez grand nombre de courses du piston la valeur de la pression, à toutes ses positions, avec le degré de précision désirable. Voici la disposition que je lui ai donnée pour les machines fixes.

39. Description du nouvel indicateur proposé. — On remplace le tuyau graisseur par un autre à deux robinets entre lesquels est une branche du même tube coudée horizontalement, allésée à l'intérieur au diamètre de $0^m,010$ et exactement tournée à l'extérieur. Sur ce cylindre s'engage à frottement doux une douille $a\,a$

(Pl. V, Fig. 1 et 3) qui se trouve ainsi parfaitement concentrique à l'axe de la partie coudée du tuyau. Un piston plein de 0^m,010 de diamètre également concentrique à ce même cylindre entre à frottement libre dans le tuyau.

Il est clair que l'action de la vapeur tend à repousser ce piston en dehors, et celle de l'atmosphère à le pousser en dedans avec une intensité proportionnelle à sa surface et à la différence de ces deux pressions. Ce piston est tout à fait libre dans le tuyau et ne porte aucune garniture, mais il est graissé et cela suffit pour que la vapeur ne s'échappe pas.

Le corps du piston est prolongé par une partie cylindrique *b*, qui traverse à frottement doux un guide *c* au moyen duquel sa direction est parfaitement assurée. Il est renflé au milieu de sa longueur et présente une ouverture dans laquelle s'engage l'extrémité d'une lame de ressort parabolique *ee*, fixée par son autre extrémité à un support à fourche *f*. La lame a une longueur telle qu'elle peut prendre d'un côté et de l'autre plusieurs centimètres de flexion, et comme on peut employer des lames plus ou moins roides, l'instrument peut servir à mesurer des pressions comprises depuis une jusqu'à dix atmosphères. Ainsi, par exemple, pour une machine à haute pression fonctionnant à quatre atmosphères en sus de la pression atmosphérique, chaque atmosphère pourrait correspondre à dix à douze millimètres de flexion de la lame, ce qui est d'une précision bien suffisante.

La partie quarrée *d* du piston porte en avant de la lame un style *g* formé par un pinceau ou par un crayon et qui trace sur une bande de papier la courbe des flexions ou des tensions de la vapeur. Un autre style fixe *h* ajusté de manière à tracer la même ligne droite que le style mobile, quand le ressort est au repos, indique le zéro des pressions. Lorsque la vapeur est introduite sur le piston de la machine, elle repousse le petit en dehors et la courbe tracée est au delà de la ligne du zéro ; quand, au contraire, la vapeur se détend et s'échappe, soit dans l'air, soit au condenseur, la courbe se rapproche de la ligne du zéro ou même la dépasse. Dans tous les cas on a sur la bande de papier une trace de toutes les variations de la pression.

Pour permettre de la lier aux diverses positions du piston, un troisième style fixe h est disposé de manière à marquer un point sur la feuille de papier, à la fin de chaque course du piston de la machine. A cet effet, une tige verticale $i\,i$ guidée dans des coulants est ajustée de façon que le balancier ou la traverse supérieure du piston la touche à la fin de chaque course descendante. Un système de deux leviers $k\,k$ et $l\,l$ transmet ce mouvement intermittent au style, qui est soutenu à une distance convenable du papier par un ressort à boudin, et qui se relève après avoir marqué un point correspondant à la position inférieure du piston. La distance de deux points consécutifs répond à deux courses simples, et il est facile par une expérience préalable de la fractionner en parties correspondantes aux diverses positions de ce piston. L'échelle, ainsi formée, étant reportée dans chaque intervalle des points de repère, on aura par la courbe les pressions correspondantes à chaque position du piston, ce qui permettra d'étudier toutes les circonstances de l'introduction, de la détente, de la condensation ou de l'échappement de la vapeur, l'influence de la dimension des tuyaux, des orifices d'admission et d'émission, de calculer, à l'aide de la méthode de quadrature de Simpson, la quantité de travail réellement développée par la vapeur sur le piston, et de recueillir ainsi sur les machines à vapeur des divers systèmes une foule de données également utiles à la pratique et à la théorie.

40. Exemple d'une des courbes de flexion. — La figure 1, planche 5, représente à l'échelle de 1 pour 2 une partie des courbes obtenues sur une machine à haute pression et détente sans condensation. Le point a est le repère servant à indiquer la fin des courses descendantes; le style qui le marque étant à $0^m,041$ à gauche de celui de la lame, il faut porter $0^m,041$ à droite du point a pour avoir le point b qui représente l'origine de la course. Le point d de l'ordonnée $b\,d$ répond au commencement de l'introduction de la vapeur; la portion $e\,f$ donne la tension pendant la durée de l'introduction et montre qu'elle est sensiblement constante; la partie $f\,g$ fournit la tension variable pendant la fermeture des orifices et une partie de la détente; $g\,h$ fournit la pression pendant le reste de la détente. La seconde moitié $h\,d$ de la courbe répond à la montée du piston et donne par conséquent la pression de la vapeur pendant l'échappement de la vapeur. La longueur totale de papier qui passe pendant une course double du piston est ici de $0^m,192$ et peut selon le rapport des renvois de mouvement devenir plus longue ou plus courte quand on le désire.

Cet exemple suffit pour montrer tout le parti que l'on peut tirer de ce petit instrument pour des observations sur des machines à vapeur de tout genre. Quant au mode de transmission du mouvement de la machine à la bande de papier, il est entièrement analogue à celui qui a été décrit au n° 12 pour le dynamomètre destiné aux voitures, et il est inutile d'en parler.

NOTE SUR LES DIVERS DISPOSITIFS DE MONTAGE DES DYNAMOMÈTRES EMPLOYÉS DANS DIFFÉRENTS CAS ET SUR LA MANIÈRE DE PROCÉDER AUX EXPÉRIENCES.

41. Dynamomètres appliqués aux charrues a avant-train. — Lorsqu'il s'agit d'expériences sur les charrues à avant-train, dans lesquelles on se propose de faire varier la largeur des sillons, l'instrument se fixe sur le devant de la fourchette de l'avant-train (Pl. I, Fig. 6), par l'intermédiaire d'une pièce en fer ou en fonte mn, maintenue par deux boulons a et b. Une patte cd est liée à la platine par deux boulons, et afin de pouvoir donner aux sillons des largeurs différentes, on a percé sur cette platine des trous qui sont deux à deux perpendiculaires à la direction de l'essieu, de manière que l'instrument peut se placer plus ou moins près de la direction de l'âge.

La vis reçoit le mouvement par le moyen d'une corde sans fin, qui enveloppe le moyeu de la roue et une poulie e dont l'axe peut, à volonté, s'embrayer, à l'aide du manchon d, avec une transmission de mouvement à deux joints universels, qui ont pour but d'obvier au défaut de parallélisme de l'axe de la vis et de celui de la poulie.

La vis sans fin, le diamètre de la roue et celui de la partie du moyeu enveloppée par la corde sans fin, étant donnés, on pourra disposer de celui de la poulie e, de manière que la longueur de papier, qui passe par mètre courant de sillon, soit comprise entre 10 et 20 millimètres; de sorte qu'avec une bande de papier de 16 mètres environ, on pourra tracer 1,600 ou 800 mètres de sillon. Il est nécessaire que le papier ne marche pas plus lentement, afin que les oscillations du ressort ou les variations de l'effort ne donnent pas des courbes dont les côtés fassent de trop grands angles avec la ligne du zéro, ce qui rend leur relèvement plus difficile et moins exact.

Il n'y a, d'ailleurs, d'autre inconvénient à ce que le papier marche plus rapidement que nous venons de l'indiquer, que la nécessité de changer les feuilles plus souvent, et d'augmenter, sans utilité, la longueur du relèvement des courbes.

42. Voitures ordinaires. — Pour les voitures ordinaires, la direction du tirage devant toujours être celle de leur axe longitudinal et comprise dans le plan des traits, il suffit de placer sur les fourchettes ou sur le timon un support qui s'engage dans la griffe postérieure de l'instrument; sa forme dépend de la disposition de la voiture et ne présente aucune difficulté particulière.

Le renvoi de mouvement se fait de même que ci-dessus et est supporté sur une planchette fixée convenablement sur l'avant-train.

43. Charrues sans avant-train.—Pour les charrues sans avant-train, parmi lesquelles on peut prendre pour exemple la charrue de M. de Dombasle, on remplace le régulateur ordinaire par une pièce en fer analogue (Pl. II, Fig. 5 et 6), qui traverse l'âge ou la haie de la même manière, et peut, à volonté, s'élever ou s'abaisser. La partie inférieure est recourbée à angle droit et horizontalement, de manière à présenter une platine c, dont la longueur est perpendiculaire à la haie.

C'est sur cette platine que se fixe, par deux boulons, le support du dynamomètre et de son moteur, et comme il peut être placé plus ou moins loin de l'axe de la haie, on peut faire varier dans des limites étendues la largeur des sillons.

On peut généralement, dans ce cas, transmettre le mouvement à la bande de papier, par un dispositif analogue à celui qui est employé pour les voitures ordinaires, en plaçant derrière la charrue une roulette suspendue par une chape mobile autour d'un boulon, qui traverse le derrière de l'âge, et en employant comme à l'ordinaire une corde sans fin. Alors la longueur de papier est encore proportionnelle au chemin parcouru. Cette disposition a l'avantage d'être plus économique que l'emploi d'un moteur chronométrique. Quelques charrues sans avant-train ont en avant une roulette qui faciliterait l'usage de ce dispositif.

44. Bateaux. — Lorsque l'on veut faire des expériences sur le halage des bateaux, il faut nécessairement employer un moteur chronométrique. Le dynamomètre et son moteur sont fixés sur un support a (Pl. II, Fig. 4 et 5), qui se termine par une tige arrondie de $0^m,04$ de diamètre, engagée dans des colliers montés sur l'une des poupées ou sur un petit mât. L'instrument peut alors suivre toutes les directions de la ligne de halage.

S'il s'agit d'expériences à faire au trot ou au galop, il faut se ménager le moyen de lâcher rapidement la ligne de halage, dans le cas des passages des ponts ou d'obstacles, quand même les chevaux n'arrêteraient pas à temps, sans quoi l'on serait exposé à des accidents graves. On y parvient par le dispositif suivant :

L'anneau mobile de la griffe antérieure est remplacé par une pièce $a\,b$, à deux branches, dont l'une b formant femelle de charnière est percée pour le passage d'un boulon, et l'autre a est fendue. Un levier, coudé à angle un peu obtus, s'engage dans cette pièce et son petit bras

bd, dépasse un peu la fourche, et est arrondi en dedans, pour que la corde ne soit pas coupée. Le long bras de levier bc est un peu recourbé vers l'extrémité et porte un épaulement contre lequel vient s'appuyer un anneau dans lequel la corde est passée.

Lorsque les chevaux tirent, la tension de la corde tend à faire tourner le levier coudé, mais l'anneau s'y oppose. Quand, au contraire, on veut lâcher rapidement la ligne de halage, on serre avec la main le bras bd contre la corde, on fait glisser l'anneau hors de la branche, et, au moment convenable, on lâche le levier, la corde échappe d'elle-même. Le levier bd ayant $0^m,30$ à $0^m,35$ de longueur, tandis que le bras de levier de la tension n'est, au plus, que de $0^m,02$ à $0^m,025$, on voit que, d'une seule main, un homme, qui peut exercer un effort de 15 à 20 kil. pendant quelque temps, pourra facilement manœuvrer ce débillage, même quand les chevaux exerceront un effort de 250 à 300 kil.

45. Dispositif pour mesurer l'effort exercé par des chevaux pour retenir une voiture. — Lorsque l'on veut mesurer l'effort que des chevaux exercent pour retenir une voiture, on peut employer le moyen suivant. Une douille ab (Pl. II, Fig. 8) s'emmanche sur le bout du timon et s'y fixe par des vis de pression c, et par des clefs de calage. Sa partie supérieure forme une chape qui reçoit deux poulies, dont le plan est parallèle au timon, et de $0^m,10$ environ de diamètre à la gorge; chacun des bouts d'une corde, dont le milieu est fixé à l'anneau du dynamomètre, placé sur l'avant-train, vient passer dans l'une de ces poulies et s'attache au collier ou à l'anneau du poitrail du harnais. Il résulte de cette disposition, fort simple, que chacun des chevaux en retenant, tend un des brins de la corde, et que la somme des tensions, mesurée par le dynamomètre, indique celle des composantes de l'effort exercé dans le sens du mouvement de la voiture.

Par ce dispositif, l'instrument peut fonctionner successivement dans les descentes par les cordages de retraite, et, dans les montées, par les traits. Le pinceau de pointage permet, d'ailleurs, d'indiquer les traces qui appartiennent à chaque période. Cet appareil, appliqué à une diligence, a parfaitement fonctionné.

46. Vérification des lames. — Je ne crois pas devoir parler en détail de la vérification de la tare des lames dynamométriques : c'est une opération préalable de rigueur, qui doit être faite en suspendant des poids à l'instrument, et en mesurant ses flexions à l'aide d'un compas à coulisse, donnant les dixièmes de millimètres. Il faut seulement avoir attention de ne faire cette vérification qu'avec la griffe d'arrêt, afin d'éviter que quelque maladresse dans la pose des poids n'occasionne des oscillations qui, en dépassant les limites fixées, seraient susceptibles d'altérer l'élasticité de la lame.

47. Des styles. — Si l'on emploie pour style un pinceau alimenté d'encre de Chine contenue dans un tube, ainsi que nous l'avons fait ordinairement, il faut, avant et après chaque séance d'expériences, laver ce pinceau en le pressant et en le roulant dans les doigts, pour éviter que les petits conduits capillaires qui se trouvent entre les poils ne se trouvent obstrués.

L'encre préparée d'avance et contenue dans une petite fiole, ne doit pas être trop épaisse ni trop claire. Si le pinceau en fournit trop, ce qui arrive souvent aux premiers instants, il suffit de le tirer en dehors pour le serrer plus fortement dans sa douille conique. Si, au contraire, il cesse de s'alimenter, on le poussera un peu en dedans du tube, et, en soufflant par le haut, on déterminera l'écoulement d'une goutte d'encre, après quoi on le tirera de nouveau en dehors.

La vis ou le petit ressort à boudin interposé entre la vis et l'épaulement du tube, facilite le règlement de la hauteur du style, de manière à obtenir des indications nettes et fines.

48. PRÉPARATION AUX EXPÉRIENCES. — Après avoir monté l'instrument sur la voiture, on ajuste le renvoi de mouvement, de manière que l'axe de la vis sans fin du dynamomètre et celui de la poulie de renvoi soient, autant que possible, dans le prolongement l'un de l'autre, sans qu'il soit tout à fait nécessaire de satisfaire exactement à cette condition. La corde de renvoi doit être une corde de boyaux, dont on réunira les deux extrémités par une ligature faite avec du fil de laiton fin, ce qui est beaucoup plus commode que des agrafes ordinaires. On aura soin de garnir d'huile fine tous les axes. Cela fait et la soie motrice étant toute enroulée sur la fusée, on collera l'extrémité de la feuille sur le cylindre récepteur. On ajustera alors le pinceau ou le style du zéro et celui qui décrit les courbes, de telle sorte qu'en faisant marcher le papier à la main, et le ressort n'étant pas tendu, ces deux styles tracent exactement la même ligne droite. On arrêtera le style du zéro dans cette position. Si l'on opère sur des bateaux, on disposera les styles qui servent à pointer les temps et les distances de façon que l'un marque au-dessus l'autre au-dessous de la ligne du zéro.

Quand une expérience sera finie, on décollera l'extrémité de la feuille de papier, qui est fixée au cylindre

magasin, on desserrera l'écrou du manchon de friction,
qui rend le pignon de la vis sans fin solidaire avec son
axe ; celui-ci et le cylindre moteur qui porte la soie
pourront alors tourner librement, de façon qu'en tirant
la bande de papier du côté du cylindre magasin, on
renvidera naturellement la soie sur les hélices de la
fusée, et il ne restera qu'à replacer une autre feuille de
papier.

TABLE DES MATIÈRES.

NOTE SUR LES DIVERS DISPOSITIFS DE MONTAGE DES DYNAMOMÈTRES
   EMPLOYÉS DANS DIFFÉRENTS CAS, ET SUR LA MANIÈRE DE PROCÉDER
   AUX EXPÉRIENCES.

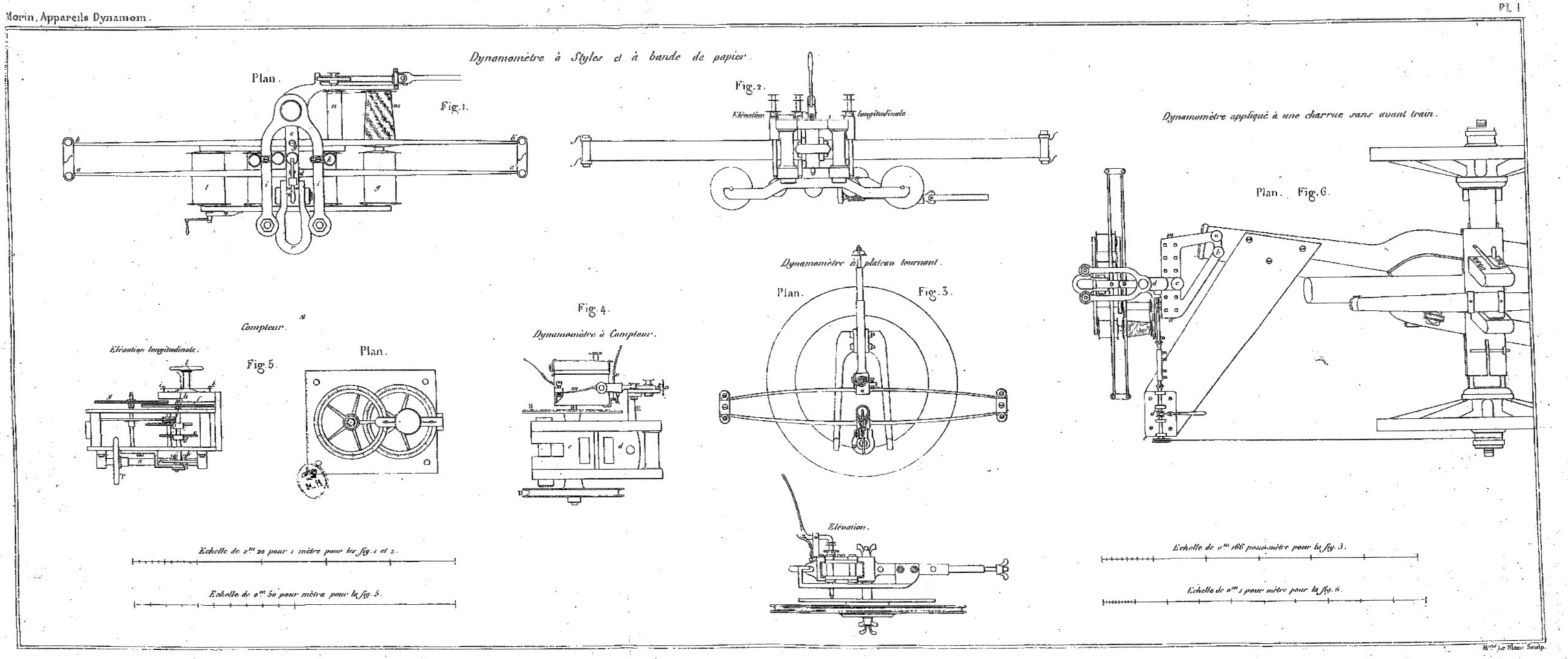

Dynamomètre à Stylet et à bande de papier.
Plan.
Fig. 1.
Élévation longitudinale.
Fig. 2.
Coupe.
Fig. 5.
Plan.
Dynamomètre à Compteur.
Fig. 4.
Dynamomètre à plateau tournant.
Plan.
Élévation.
Fig. 3.
Dynamomètre appliqué à une charrue sans avant train.
Plan.
Fig. 6.
Échelle de 0m,20 pour 1 mètre pour les fig. 1 et 2.
Échelle de 0m,50 pour mètre pour la fig. 5.
Échelle de 0m,40 pour mètre pour la fig. 3.
Échelle de 0m,10 pour mètre pour la fig. 6.
Imp. Lemercier, Paris.

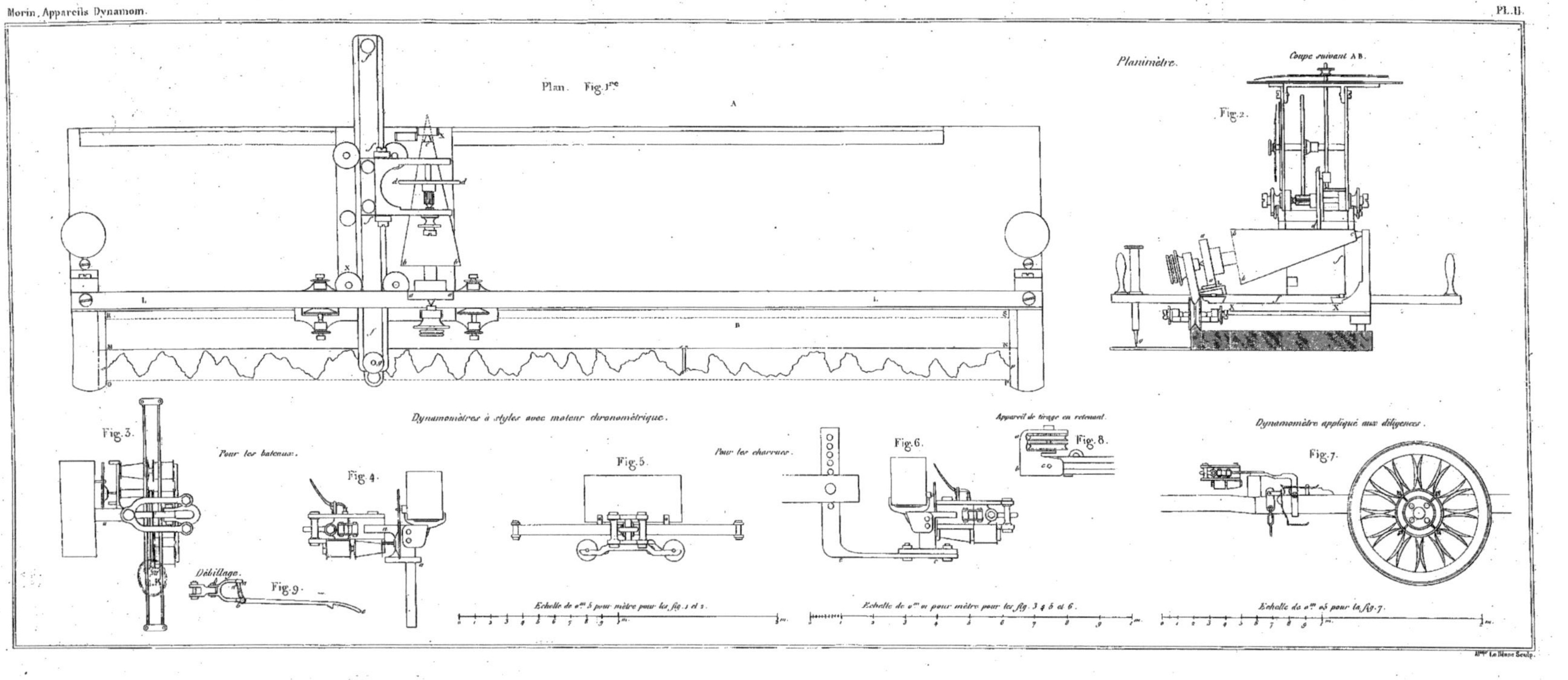
Plan. Fig. 1re
A
Planimètre.
Coupe suivant A B.
Fig. 2.
Fig. 3.
Pour les bateaux.
Fig. 4.
Fig. 5.
Pour les charrues.
Fig. 6.
Appareil de tirage en retenant.
Fig. 8.
Dynamomètre appliqué aux diligences.
Fig. 7.
Dynamomètres à styles avec moteur chronométrique.
Débillage.
Fig. 9.
Echelle de 0m.5 pour mètre pour les fig. 1 et 2.
Echelle de 0m.0 pour mètre pour les fig. 3 4 5 et 6.
Echelle de 0m.05 pour les fig. 7.

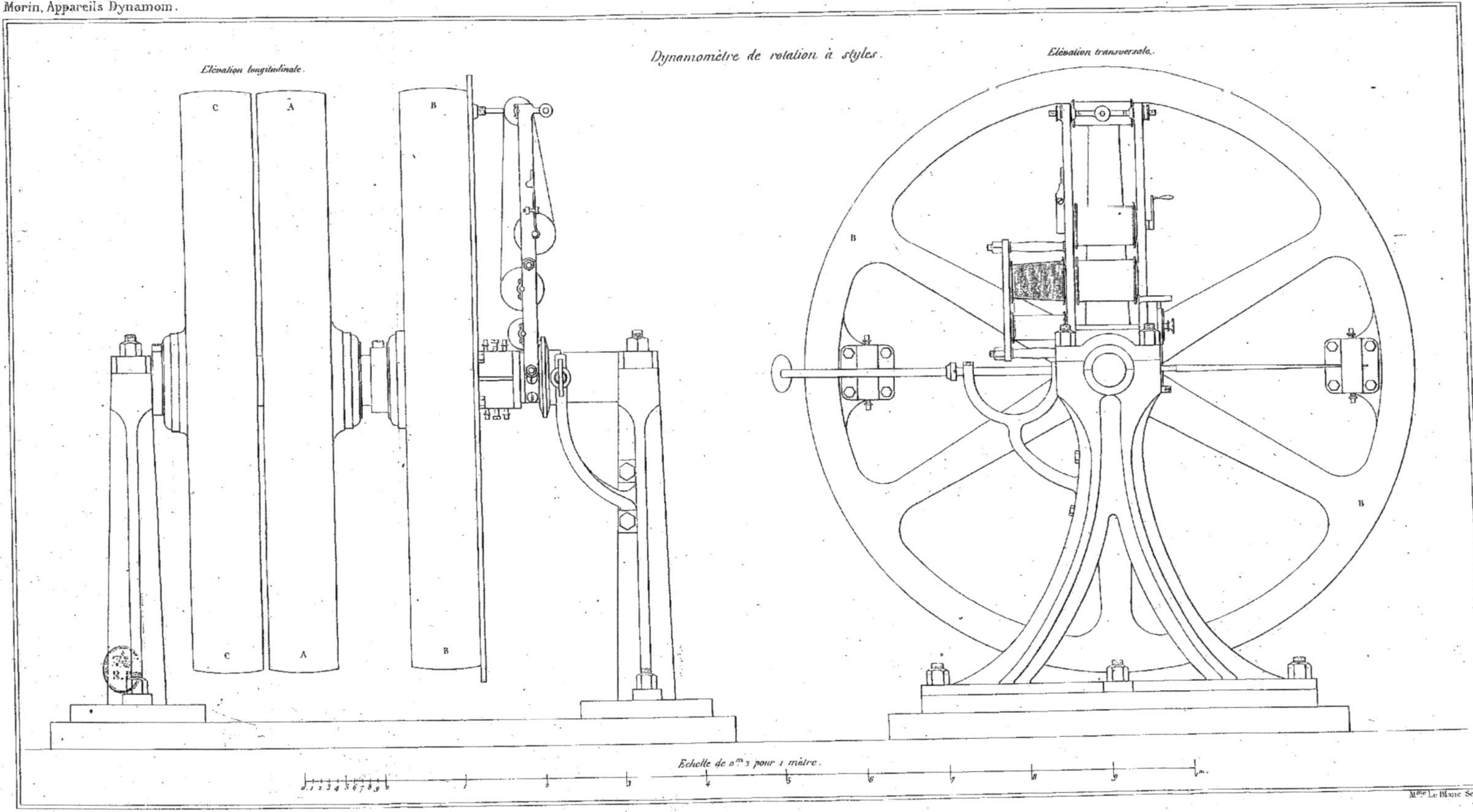

Morin, Appareils Dynamom.
Dynamomètre de rotation à styles.
Elévation longitudinale.
Elévation transversale.
Echelle de 0 m.2 pour 1 mètre.
M.me Le Blanc Sculp.

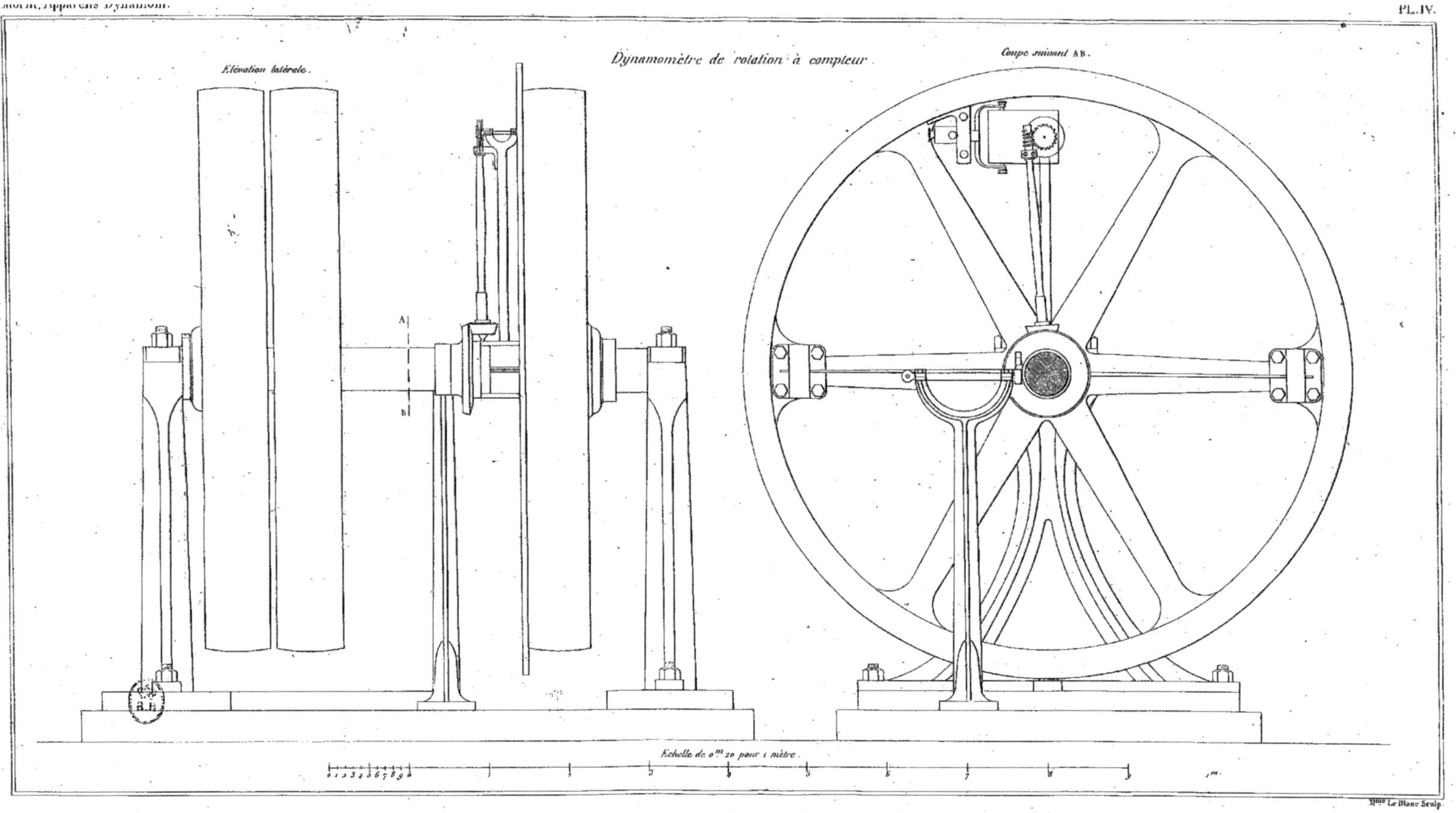
Dynamomètre de rotation à compteur.
Élévation latérale.
Coupe suivant AB.
A
B
Echelle de 0.m 20 pour 1 mètre.
0 1 2 3 4 5 6 7 8 9
Le Blanc Sculp.

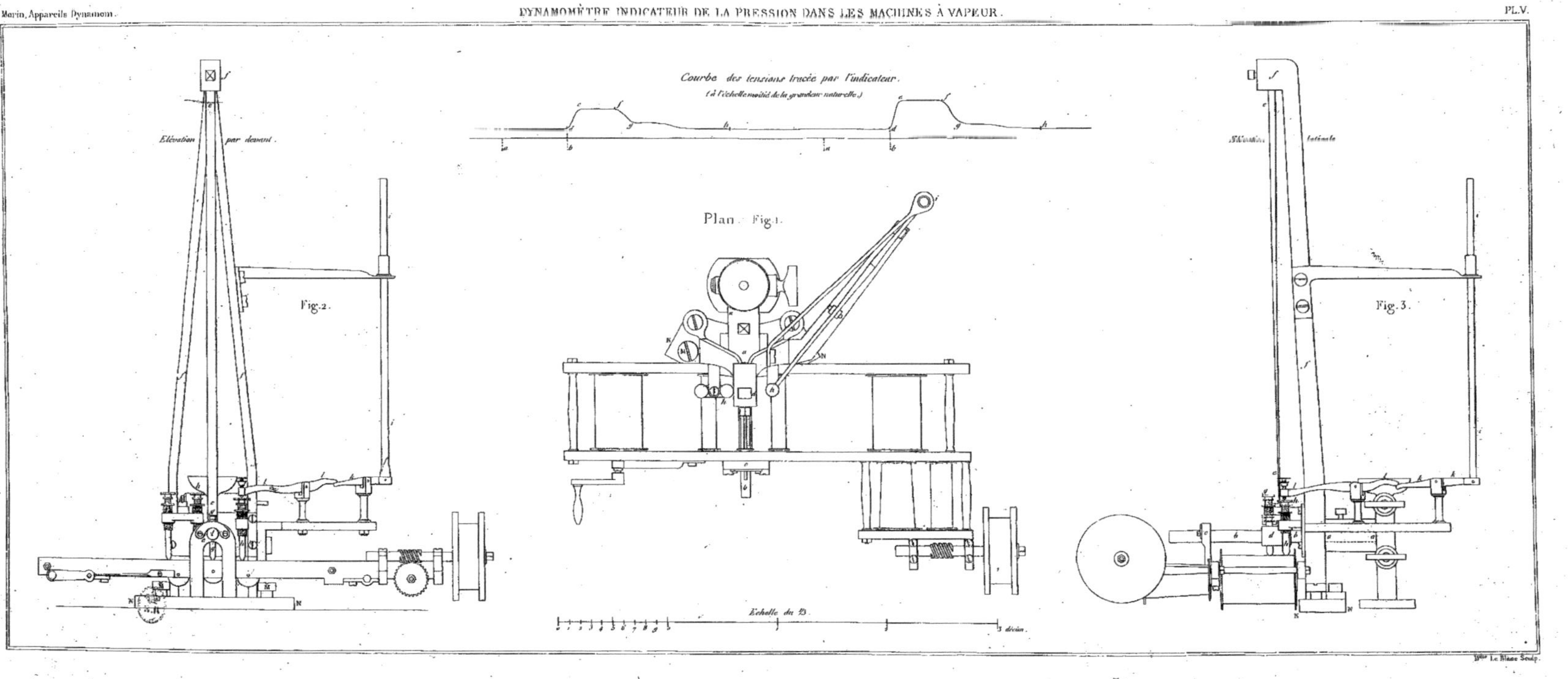

Morin, Appareils Dynamom.
DYNAMOMÈTRE INDICATEUR DE LA PRESSION DANS LES MACHINES À VAPEUR.
PL. V.
Elévation par devant.
Fig. 2.
Courbe des tensions tracée par l'indicateur.
(à l'échelle moitié de la grandeur naturelle.)
Plan. Fig. 1.
Echelle de 13.
Elévation latérale.
Fig. 3.
Le Blanc Sculp.

www.ingramcontent.com/pod-product-compliance
Ingram Content Group UK Ltd.
Pitfield, Milton Keynes, MK11 3LW, UK
UKHW022259120726
13694UKWH00003B/1127